鸚鵡的
……飼養法

從行為發現
疾病的徵兆

As 小鳥診療所院長 松岡滋◎監修
凡賽爾賽鴿寵物鳥醫院院長 李照陽◎審定
彭春美◎譯者

前言

鸚鵡是充滿愛情的鳥。快樂的時候會興高采烈地手舞足蹈，或是爬到飼主的手上或肩上撒嬌，感情非常豐富，會以可愛的動作表情來療癒我們的心靈。正因為牠們的個性如此，所以在日本是非常受人喜愛的寵物鳥，有許多種鸚鵡都和人類一起生活著。

對於今後想要飼養鸚鵡的人，或是正在飼養的人，我想要告訴大家的是，飼養鸚鵡不能只是將牠視為「籠中鳥」來眺望而已。請別忘記，和鸚鵡共同生活時，必須要和牠一起遊戲，彼此密切地交流，把牠當做是家族成員之一地關懷照顧。

和其他鳥類比起來，鸚鵡的頭腦比較好，也有學習能力。如果具備正確的知識和牠相處，不僅能讓牠學會技藝，甚至還能讓牠學會說話。也不要只是單方面地要牠學東西，不妨和牠一起玩，觀賞牠有趣的表演，一邊和牠建立感情。即使出現咬人或是問題行為，那也是鸚鵡傳遞給你的訊息。或許是牠在向你撒嬌著「我還要玩」，又或者是牠吃醋了，「希望你更在意我」——等等的感情表現之一，所以正視

這些行為是非常重要的。然後，再將目標指向彼此沒有壓力的生活吧！

此外，鸚鵡的壽命很長，例如雞尾鸚鵡約有20年，若是大型鸚鵡甚至可能活到50年。要一起度過說是家人也不為過的長久歲月，除了要避免讓鸚鵡感覺到壓力，對於疾病或受傷等也必須充分注意。能為鸚鵡建造可以安全生活的環境，並且注意到牠身體變化的，就只有一起生活的人類而已——這一點請務必要銘記在心。只要飼主能負起責任，好好地照顧將生命託付於自己的鸚鵡，就能和鸚鵡共度幸福快樂的生活。

要和鸚鵡度過舒適的生活，可能需要花費一些心力和時間；但相對地，一定也能獲得心靈的療癒，增加共有時間的樂趣。請先從具備基本知識、著手迎接鸚鵡的準備來開始和鸚鵡的生活吧！如此一來，你應該可以獲得以前從未感受過的、無可取代的快樂時光才對。

目次

第3章 和鸚鵡一起生活

第4章 鸚鵡的飲食

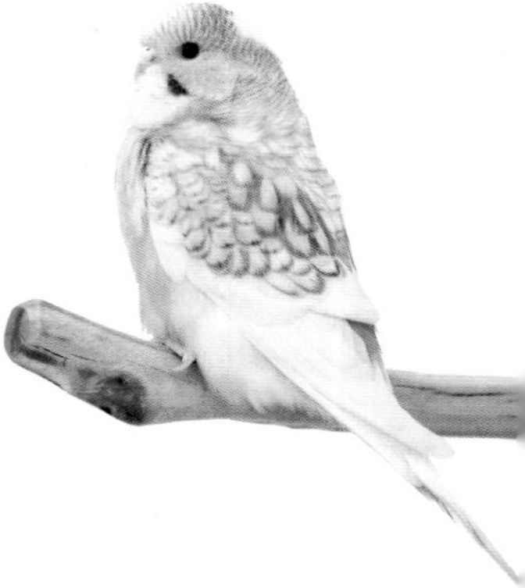

第5章 和鸚鵡的接觸

第6章 鸚鵡的健康管理

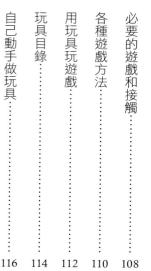

第1章
鸚鵡的種類

小型鸚鵡

虎皮鸚鵡

小型鸚鵡中最大眾化的品種。容易和人親近，擅長表演又會說話，有超過30種以上的顏色變化。

DATA　**虎皮鸚鵡**

【原產地】澳洲內陸
【體長】19cm～23cm
【體重】30g～50g
【壽命】7年～10年
【聲音大小】★★★☆☆
【上手度】★★★★★
【說話度】★★★★★

原生色（幼鳥）

日文名稱為「黃綠背鸚鵡」，在接近原生種的黃～綠色背上有著黑色花紋為其特徵。

1

入門者也容易飼養的小型鸚鵡代表種

體質非常強健，對人很親近，是可以乘坐在手上的鸚鵡。此外，叫聲不大，即使是初入門者也是很容易飼養的品種。在小型種中算是非常優秀，會模仿聲音，也能記住由單語組合而成的文章，因此可以享受一起說話的樂趣。原生種是黃色×綠色，但也有藍色或水藍色、白子等，色彩豐富。此外，也有身體上部和下部顏色相異的harlequin（斑色種）、只有翅膀留有斑紋的opaline（蛋白石種）等，顏色變化非常多樣。除了原生種尺寸之外，也有大上一圈的大頭虎皮鸚鵡和羽毛捲起的羽衣虎皮鸚鵡等。

【注意】
※P8～39的鸚鵡照片協力拍攝店家請看P39。
※資料部分的【上手度】為乘坐在手上的難易度，【說話度】則表示對於說話的擅長程度。
※P8～39的鸚鵡資料會依個體情況及環境而異。尤其是上手的難易度、是否擅長說話等，可能會因為個體和飼主之間的接觸方式等而有極大的差異。請預先了解本記載僅為大致標準。

3

斑色

去掉綠色系的黃色斑色種。柔和的色彩和可愛的眼睛能療癒人心。

2

斑色

絕妙的配色非常可愛。去掉綠色系的顏色部分就成為白色，是白色的斑色種(Harlequin)。

5

黃化奶油

全身呈現柔和的奶油色，圓圓的紅色眼睛也非常可愛。

4

粉彩紫羅蘭彩虹

藍色系的羽毛顏色，頭部略帶黃色，是很受歡迎的色彩。

7

蛋白石紫羅蘭

如寶石般美麗的蛋白石種，特色是腹部顏色也會呈現在背翅上。

6

華樂蛋白石魚鱗紫丁香

微帶淡紫色的白色羽毛，搭配紅寶石般的紅色眼睛非常美麗。

9

黃臉粉彩彩虹

在藍色和黃色混色的背部羽毛上，淡淡的斑紋顯得如夢似幻。

8

黃色混斑

在去掉綠色系的檸檬黃羽毛上，加入淡藍色的重點色。

11

黃臉魚鱗綠虎皮

有著大頭虎皮鸚鵡血統的魚鱗種。美麗的漸層色彩讓人印象深刻。

10

白化種

白化種的特徵為沒有色素的白色身體和紅色眼睛。偶爾也會出現眼睛為黑色的葡萄眼鸚鵡。

12

蛋白石魚鱗紫羅蘭

臉部和翅膀為白色，身體為淡藍色。有如水彩畫般的淡色色調充滿魅力。

14

白派特斑色

有著大頭虎皮鸚鵡血統的派特種（Pied）。在去掉顏色的白色身體上，花紋就是強調重點。

13

黃臉彩虹

彩虹種（Rainbow）的特徵為藍色系的羽毛顏色和黃色的頭部。淡淡的色調可療癒人心。

白色×藍色

背部有 2 處捲毛，是彷彿花開之姿般的雙羽衣。

16

15

魚鱗派特

高雅的藍色＆白色，還有華麗的背部雙羽衣，非常美麗。

17

倒豎般的捲毛非常可愛

這是日本改良的品種，特徵是身體的一部分會形成倒豎般的捲毛。頭部有捲毛的稱為梵天，背部有捲毛的稱為背捲。此外，捲毛僅在背部單側的稱為單羽衣，兩側都有的則稱為雙羽衣。

彩虹

這是頭部有捲毛的梵天。淡藍色混合著淺黃色的美麗羽色充滿了魅力。

19

藍色派特

有著大頭虎皮鸚鵡血統的派特種雙羽衣。背部的藍色和白色捲毛的對比非常美麗。

18

黑色×藍色

在鮮豔的藍色和斑點花紋上，加入了有如風車般的捲毛，呈現華麗的氣氛。

20

黑色×白色（幼鳥）

因為還是雛鳥，所以尾羽的黑只有一點點；隨著長大成為成鳥，顏色就會漸漸鮮明。羽衣或梵天的虎皮鸚鵡，羽毛從雛鳥時就已經捲曲了。

大大的頭和圓滾滾的剪影是其特徵

這是英國改良的品種，擁有比小型虎皮鸚鵡還大上一圈的身體。其中也不乏有體長超過20cm的大頭虎皮鸚鵡。頭部大為其特徵。

21

原生灰色（幼鳥）

雖然還只是幼鳥，不過腹部是灰色的，翅膀上也清晰可見美麗的花紋。

斑色灰

頭部到背部沒有其他顏色，作為大頭虎皮鸚鵡特徵的頭部也顯得突出。

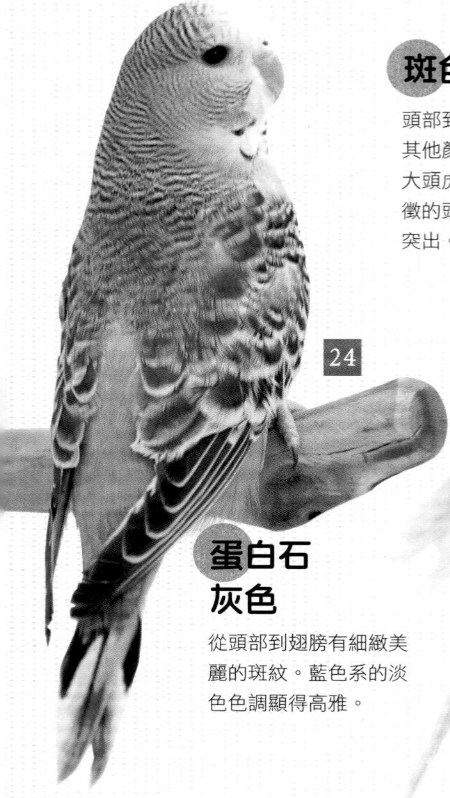

24

蛋白石灰色

從頭部到翅膀有細緻美麗的斑紋。藍色系的淡色色調顯得高雅。

23

22

魚鱗派特

具有豐厚感的剪影非常可愛。翅膀上有彷彿將羽毛鑲邊般的花紋。

25

原生色

綠色身體配上黃色的頭，翅膀上有黑色花紋。野生種也有非常相似的配色。

26

肉桂藍（幼鳥）

胸部到腹部為帶有灰色的藍，頭部到背部則有美麗的斑紋。

28

蛋白石 藍灰色

頭部為白色，帶有藍色的灰色則從背部到尾部逐漸變得深濃。

27

原生 藍色（幼鳥）

即使是還無法停在棲木上的幼鳥，也有普通虎皮鸚鵡般的大小。

小型鸚鵡

雞尾鸚鵡

豎立的冠羽和橘色的圓臉頰非常可愛，是溫順又愛撒嬌的品種。頭腦聰明，是舉止和表情都很豐富的人氣鸚鵡。

30

原生色

在原生種之中，也有臉部呈奶油色或黃色的鸚鵡。當受到驚嚇或是生氣時，冠羽就會立起來。

29

原生色

全身為灰色，部分羽毛呈白色。橘色的臉頰是魅力點。

魅力十足，最喜歡玩遊戲

又名玄鳳鸚鵡。個性溫順安詳，非常膽小，因此如果和其他品種的鸚鵡同居，很容易受到欺負，必須注意。此外，若被突發的聲響或地震等嚇到，會引起恐慌，發生大騷動。不過因為頭腦很好，如果平常就能加以訓練，讓牠習慣聲音或震動的話，情況就會減緩。雖然不擅長說話，但是節奏感很好，若是對牠吹口哨，牠就會加以模仿，或是用腳捕捉節奏等，表現出可愛的一面。顏色方面，原生色是擁有灰中透黑的色素和黃色系色素的品種。由於是由這些顏色的組合來決定羽毛的顏色，因此不像虎皮鸚鵡般有多彩的顏色變化，也是其特徵之一。

31

原生色

灰色的臉部略帶黃色的是雌鳥。雄鳥的臉部是奶油色的。

DATA　雞尾鸚鵡（玄鳳鸚鵡）

【原產地】澳洲內陸
【體長】32cm～40cm
【體重】90g～120g
【壽命】12年～18年
【聲音大小】★★☆☆☆
【上手度】★★★★★
【說話度】★★★☆☆

32

白臉珍珠

臉頰呈白色，沒有橘色斑紋的稱為白臉種（white　face）。羽毛的花紋非常美麗。

33

黃化種

黑色素稀少，整體呈奶油色是黃化種的特徵。也有紅眼睛的鸚鵡。

35

白臉肉桂派特

羽毛有一部分呈淡灰色。因為沒有黃色色素，所以臉部也是白色的，沒有臉頰斑紋。

34

肉桂種

灰色的色素很淡，整體呈淡淡的肉桂色，給人優雅的感覺。橘色的臉頰非常可愛。

37

肉桂珍珠

只有珍珠種才有的像蕾絲般的花紋，和肉桂淡淡的色調非常美麗。

36

黃化種

給人優雅感覺的黃化種，是特別受人喜愛的顏色。個性溫和，非常喜歡玩遊戲。

38

白臉原生色

因為缺少原本的黃色色素而使得臉頰沒有斑點的就稱為白臉種。性格膽小，但是對人卻很親近。

40

白子

沒有灰色色素和黃色色素，全身都是白色的。眼睛大多為紅色。

39

綠寶石（幼鳥）

特徵是整體略帶黃綠色。臉頰是有淡淡橘色的粉彩臉。

白臉珍珠肉桂

有著珍珠種獨特的美麗羽毛花紋。不過雄鳥在成長後，花紋就會逐漸消失。

42

珍珠

每根羽毛都部分性地缺少灰色色素的，就稱為珍珠種。

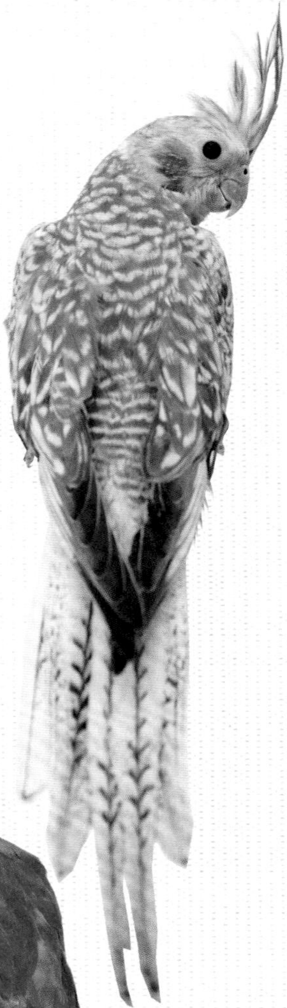

41

珍珠

全身都有漂亮的斑點花紋，臉部和尾羽帶有黃色。

44

43

白臉原生派特

身體的色素有欠缺，出現斑駁花紋就是派特種的特徵。

小型鸚鵡

桃面愛情鳥

有著大大的頭和短短的尾羽，體型矮胖渾圓。此外，因為會清楚表現出喜怒哀樂，所以即便僅是觀賞，也充滿了樂趣。

DATA　桃面愛情鳥

【原產地】非洲西南部·安哥拉～納米比亞
【體長】15cm～17cm
【體重】50g～55g
【壽命】7年～10年
【聲音大小】★★★☆☆
【上手度】★★★★★
【說話度】★☆☆☆☆

45

左：原生色

配對飼養可以看到牠們親密的姿態。對人也很親近。

右：美國肉桂

特徵是從喉嚨到額頭呈現紅色，整體顏色比原生色還要淡一些。

親密融洽，為愛而生的愛情鳥

英文名是「Peach-face Lovebird」。雌雄配對後會非常親密，表現出深厚的愛情。據說因為2隻在一起時看起來就像心型一樣，所以被稱為「愛情鳥」。反之，因為地盤意識強烈，所以難以和配對以外的鸚鵡同居。有黃色、派特、藍色、綠色等超過20種的顏色變化。體型圓潤，個性活潑，能和人親近，充滿好奇心，能和飼主一起快樂地玩遊戲。雖然不擅長模仿和說話，聲音也有點尖銳，不過可愛的動作很受人喜愛。

海綠蛋白石

全身是比較暗沉的淡藍綠色，頭部呈灰色。臉部也沒有紅色。

美國肉桂

整體顏色減少，成為略顯暗沉的肉桂色。

紅眼黃色

色素很淡，是比美國肉桂還要淡的顏色，臉部和尾羽帶有紅色。

橘頭澳洲肉桂蛋白石

這是臉部和尾羽呈橘色的顏色變異型。桃面愛情鳥最喜歡玩遊戲了。

原生色

原生色從喉部到額頭呈現紅色，身體則是綠色的。尾羽為鮮豔的藍色。

太平洋鸚鵡

身體雖小卻極具活力，經常動來動去，光看也不覺厭膩。另外，因為性格開朗又愛玩，所以對人也很親近。

DATA　太平洋鸚鵡

【原產地】厄瓜多～祕魯的太平洋沿岸
【體長】12.5cm～13cm
【體重】30g～35g
【壽命】約20年
【聲音大小】★★☆☆☆
【上手度】★★★☆☆
【說話度】★☆☆☆☆

藍色

藍色的太平洋鸚鵡，有著帶灰色的煙燻羽毛顏色。

充滿活力又開朗，經常動來動去

本來是綠色的小型鸚鵡，因為增加了藍色等的顏色變化，近年來成為人氣看漲的品種。好奇心旺盛又好動，因此只要溫和地對待牠，就會與人非常親近。由於喙部非常有力，請注意避免逗弄時手指被咬，或是物品遭到破壞。另外，也有具攻擊性的一面，在同一個籠子裡複數飼養時，可能會打架。雖然很少說話，叫聲也小，不過獨特的動作很可愛，極具魅力。

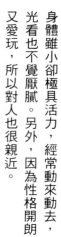

53

原生色

即使在小型鸚鵡中也是嬌小的品種。叫聲小為其特徵。

52

藍色派特（幼鳥）

在藍色中混有白色的派特。藍色系是最近的人氣色。

55

美國白色

顏色比華樂還淡，是略帶水藍色的白色。

54

藍色華樂（幼鳥）

藍色本來就很淡、呈現水藍色的種類就稱為華樂（fallow）。圓圓的紅眼睛也是其特色。

橫斑鸚鵡

偶爾會在棲木上做出可愛的前傾姿勢的橫斑鸚鵡。特徵是有如漣漪般的羽毛花紋和優美的叫聲。

DATA　橫斑鸚鵡

【原產地】南墨西哥～西巴拿馬、委內瑞拉、哥倫比亞、厄瓜多、秘魯、玻利維亞
【體長】約15cm
【體重】45g～55g
【壽命】約10年
【聲音大小】★☆☆☆☆
【上手度】★★★★☆
【說話度】★★★☆☆

個性溫和，最喜歡膚觸

如同名字一樣，像漣漪般的身體橫斑為其特徵。個性溫和，喜歡膚觸，叫聲也很沉靜。具有集團性，也會說話，是做為伴侶鳥的最佳鸚鵡。在野生狀態下居住於高海拔的地方，所以很健康。會用腳靈活地做動作，這點是其他鸚鵡較少見的。原生色為綠色，而在鈷藍色和黃化、淡紫色等的顏色變化中，又以藍色最為美麗。

56

暗綠

比黃綠色的原生色稍深一些的綠色。

58

黃化（幼鳥）

橫斑鸚鵡的黃化種，特徵是有黃色的身體和紅色的眼睛。

暗綠色

能夠靈活地使用雙腳是其特點，可以用腳抓水果來吃。

57

59

黃化

停在棲木上時，有時會採取前傾姿勢，讓人印象深刻。

60

淡紫色

熟悉後會乘坐到手上，可以和牠一起玩。

牡丹鸚鵡

眼睛周圍的白框是其魅力所在。此外，也會出現扭曲身體般的動作等等，是純觀賞也很有樂趣的品種。

DATA　牡丹鸚鵡

【原產地】非洲南部～東部
【體長】14～15cm
【體重】40～50g
【壽命】10～12年
【聲音大小】★★★☆☆
【上手度】★★★★☆
【說話度】★☆☆☆☆

61

粉彩綠黃領黑牡丹鸚鵡

紅色的鳥喙非常可愛。別名為棣堂花牡丹。

62

藍色黃領黑牡丹鸚鵡

別名為白牡丹。特徵是呈沁涼水藍色的腹部和羽毛。

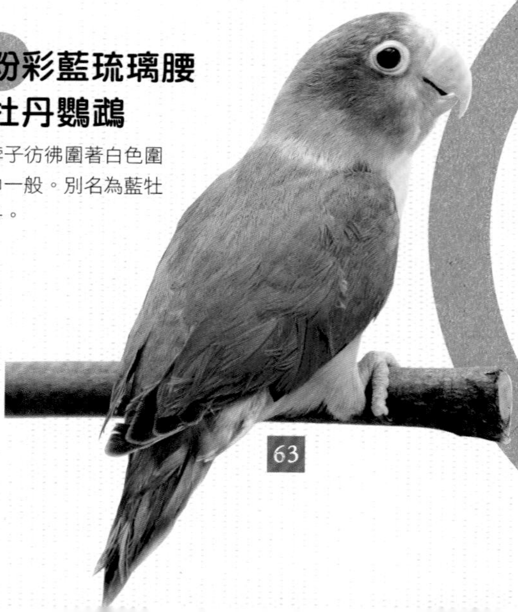

63

粉彩藍琉璃腰牡丹鸚鵡

脖子彷彿圍著白色圍巾一般。別名為藍牡丹。

感情融洽且與人親近，擅長模仿聲音

英文名字是「Masked Lovebird」，和桃面愛情鳥一樣被稱為「愛情鳥」，配對後會非常親密。個性、體格都和桃面愛情鳥相似，不過比桃面愛情鳥稍微苗條一些。

個性內向，有神經質的一面，但是很喜歡人，會主動表現出希望你跟牠玩。進口到日本的牡丹鸚鵡都是黃領黑牡丹和琉璃腰牡丹，不過現在已有許多種類和顏色變化。雖然幾乎不會說話，卻擅長模仿聲音。

小型鸚鵡

伯克氏鸚鵡

比起獨自玩耍，更喜歡和人接觸，是溫和友善的品種。有多種顏色變化，最近非常受人歡迎。

伯克氏鸚鵡是什麼樣的鳥？

又名秋草鸚鵡。個性溫和友善，比起自己獨自玩耍，更喜歡和人接觸。攻擊性小，可以和有著相似友善個性的鸚鵡同居。此外，和其他鸚鵡比起來，小而可愛的叫聲也是其特徵。原生種是以灰色為基調的素雅色調，但也有各種顏色變化。其中以呈現雅致淡粉紅色的玫瑰最受歡迎。相對於身體，尾巴和翅膀算是比較長的，建議使用有高度的籠子來飼養。

64

65

玫瑰

其他鸚鵡沒有的罕見粉紅色變化種很受到歡迎。

原生色

野生狀態下是在地面採食的，所以有保護色般的顏色。

DATA　伯克氏鸚鵡

【原產地】澳洲內陸
【體長】20～24cm
【體重】約50g
【壽命】8～15年
【聲音大小】★★☆☆☆
【上手度】★★★★☆
【說話度】★★★☆☆

中型鸚鵡

小太陽屬錐尾鸚鵡

骨碌碌的圓眼珠和活潑愛玩的個性是其特點。在中型鸚鵡中算是嬌小的，是近年來漸受歡迎的品種。

DATA　黃邊錐尾鸚鵡

【原產地】澳洲內陸
【體長】19cm～23cm
【體重】30g～50g
【壽命】7年～10年
【聲音大小】★★★☆☆
【上手度】★★★★☆
【說話度】★★☆☆☆

66

黃邊錐尾鸚鵡（黃邊小太陽）

羽毛的下邊、腋部是金黃色的，因此得命。

67

紅額錐尾鸚鵡

如圖所示，從額頭到臉部都是鮮艷的紅色。

活潑又具社交性的表演高手

有著白色邊框的圓溜大眼睛，凸顯出可愛的容貌。有許多同類，特徵是每一種的胸部都有鱗片般的花紋。天生個性活潑且具社交性，但在與人熟悉之前，有時會出現稍微神經質的一面；不過一旦熟悉後，甚至可以在人的手中打滾。喜歡遊戲，也能學會才藝，所以不妨跟牠一起玩，一邊訓練表演。不過，因為有咬人的習慣，所以玩遊戲的時候必須要注意。

DATA　紅額錐尾鸚鵡

【原產地】菲律賓
【體長】約25cm
【體重】約70g～85g
【壽命】15年～16年
【聲音大小】★★★☆☆
【上手度】★★★★☆
【說話度】★★☆☆☆

DATA　赤紅腹錐尾鸚鵡

【原產地】巴西中部（亞馬遜以南）～北部（馬特格羅梭省）
【體長】24～26cm
【體重】65～80g
【壽命】15～16年
【聲音大小】★★★☆☆
【上手度】★★★★☆
【說話度】★★☆☆☆

DATA　玫瑰冠錐尾鸚鵡

【原產地】西委內瑞拉
【體長】約25cm
【體重】75～85g
【壽命】15～16年
【聲音大小】★★★☆☆
【上手度】★★★★☆
【說話度】★★☆☆☆

69

玫瑰冠錐尾鸚鵡（玫瑰冠小太陽）

特徵是鳥喙根部、眼睛上側及頭頂部為大紅色。

68

赤紅腹錐尾鸚鵡（赤紅腹小太陽）（幼鳥）

因為還是幼鳥，所以顏色很淡，不過成鳥的腹部會呈現漂亮的紅色。

DATA　珍珠錐尾鸚鵡

【原產地】南美洲（巴西、烏拉圭、巴拉圭等）、巴西東部
【體長】23～25cm
【體重】60～75g
【壽命】約15年
【聲音大小】★★★☆☆
【上手度】★★★★☆
【說話度】★★☆☆☆

70

珍珠錐尾鸚鵡（珍珠小太陽）

鳥喙旁邊的臉頰部分是藍色的，胸部和腹部也混有藍色。

DATA　綠頰錐尾鸚鵡

【原產地】南美洲（玻利維亞東部高地、巴西中西部、馬特格羅梭省）
【體長】約26cm
【體重】60～80g
【壽命】10～20年
【聲音大小】★★★★☆
【上手度】★★★★☆
【說話度】★★★☆☆

72

綠頰錐尾鸚鵡
（綠頰小太陽）原生色

臉頰為綠色，尾羽為紅色，喉部有魚鱗般的花紋。

黑帽錐尾鸚鵡
（黑頭小太陽）

頸部周圍混有白色羽毛，看起來就像美麗的魚鱗花紋。

71

DATA　黑帽錐尾鸚鵡

【原產地】南美洲
【體長】約25cm
【體重】約70g
【壽命】15～20年
【聲音大小】★★☆☆☆
【上手度】★★★★☆
【說話度】★★★☆☆

74

綠頰錐尾鸚鵡
（綠頰小太陽）藍色

羽毛是鮮艷的藍色。別名為土耳其藍錐尾鸚鵡。

73

綠頰錐尾鸚
（綠頰小太陽）藍黃邊

別名藍鳳梨。羽毛中混有黃色和藍色。

76

綠頰錐尾鸚鵡

（綠頰小太陽）鳳梨

臉頰是淡黃綠色，喉部到胸部則為鮮豔的黃色。

75

綠頰錐尾鸚鵡

（綠頰小太陽）肉桂

頭部和背部、胸部邊緣有著像淡咖啡色般的肉桂色。

78

左：綠頰錐尾鸚鵡

（綠頰小太陽）鳳梨

右：黑帽錐尾鸚鵡

（黑頭小太陽）

個性相似的品種只要從小一起飼養，就會很合得來。

77

綠頰錐尾鸚鵡

（綠頰小太陽）原生色（幼鳥）

可以看到牠用腳抓零食來吃的可愛動作。

中型鸚鵡

其他中型鸚鵡

充滿活力的中型鸚鵡，有紅色、綠色、黃色、藍色、橘色等充滿南國風味的鮮豔色彩，非常受人喜愛。

美麗的外表和擅長說話是其特徵

在中型鸚鵡中，有許多外表鮮艷美麗、擅長說話的品種。由於活潑好動的品種也多，所以請選擇有高度的大型籠子。咬力強大，塑膠製的用品可能會遭到破壞，最好選擇不銹鋼或是陶器製的用品。籠子裡面如果放入垂掛或是可以破壞的玩具，會讓牠覺得很高興。此外，若是增加同伴的話，大多會一起高聲大叫，所以最好單隻飼養，經常陪牠一起玩吧！

80

藍帽亞馬遜鸚鵡

擅長説話和模仿。頭上的藍色有個體差異。

DATA　藍帽亞馬遜鸚鵡

【原產地】巴西東部、中西部
【體長】36～38cm
【體重】350～450g
【壽命】約40年
【聲音大小】★★★☆☆
【上手度】★★★☆☆
【說話度】★★★★☆

79

黃帽亞馬遜鸚鵡

特徵是黃色的額頭。是性格溫和的品種。

DATA　黃帽亞馬遜鸚鵡

【原產地】圭亞那、巴西北部
【體長】34～36cm
【體重】380～480g
【壽命】約40年
【聲音大小】★★★☆☆
【上手度】★★★☆☆
【說話度】★★★☆☆

DATA　金太陽錐尾鸚鵡

【原產地】圭亞那、委內瑞拉
【體長】約30cm
【體重】100～120g
【壽命】約15年
【聲音大小】★★☆☆☆
【上手度】★★★★☆
【說話度】★★★☆☆

82

金太陽錐尾鸚鵡（金太陽）

個性喜歡親近人，玩鬧的時候很可愛。

DATA　棕喉錐尾鸚鵡

【原產地】南美哥倫比亞
【體長】約25cm
【體重】80～100g
【壽命】約10年
【聲音大小】★★☆☆☆
【上手度】★★★★☆
【說話度】★★★☆☆

81

棕喉錐尾鸚鵡（棕喉太陽）

正如其名，臉部為橘色，喉嚨的部分則是棕色的。

DATA　珍達錐尾鸚鵡

【原產地】巴西東北部
【體長】約30cm
【體重】100～120g
【壽命】約15年
【聲音大小】★★★☆☆
【上手度】★★★☆☆
【說話度】★★★☆☆

84

83

珍達錐尾鸚鵡（珍達太陽）

黃色臉和綠色翅膀的對比非常美麗。腹部是橘紅色的。性格開朗活潑，最喜歡跟人一起玩或是與人接觸。

DATA　彩虹吸蜜鸚鵡

【原產地】澳洲東部
【體長】約30cm
【體重】約130g
【壽命】約15～20年
【聲音大小】★★★☆☆
【上手度】★★★☆☆
【說話度】★★★☆☆

紅領綠鸚鵡（環頸、月輪）灰色

叫聲比想像的還大，性格上有神經質的一面。

86

紅領綠鸚鵡（環頸、月輪）黃化

原生種是綠色的。能記住許多詞彙，很受人喜愛。

85

彩虹吸蜜鸚鵡

有5種顏色的羽毛非常美麗。個性活潑好動。

87

DATA　紅領綠鸚鵡

【原產地】印度、斯里蘭卡
【體長】約40cm
【體重】約120g
【壽命】約25年
【聲音大小】★★★★☆
【上手度】★★★☆☆
【說話度】★★★☆☆

黃翅鸚鵡

映襯著綠色身體的黃色翅膀。眼睛周圍的白框為其特徵。

88

DATA　黃翅鸚鵡

【原產地】南美洲
【體長】30～33cm
【體重】約360g
【壽命】15～16年
【聲音大小】★★★☆☆
【上手度】★★★☆☆
【說話度】★★★☆☆

DATA　紅腰鸚鵡

【原產地】澳洲東南部
【體長】15～27cm
【體重】約60g
【壽命】約15年
【聲音大小】★☆☆☆☆
【上手度】★★★☆☆
【說話度】★★★☆☆

紅腰鸚鵡 黃化

擁有美妙清亮的叫聲。
日文名稱為美聲鸚鵡。

89

紅腰鸚鵡 蛋白石

性格膽小且神經質。
過度逗弄可能會造成壓力。

90

紅腰鸚鵡 藍色蛋白石

91

和身體比起來，尾羽顯得較長，
最好用大型的籠子飼養。

DATA　白腹凱克鸚鵡

【原產地】巴西、委內瑞拉南部、圭亞那高地
【體長】24～26cm
【體重】145～155g
【壽命】約25年
【聲音大小】★★☆☆☆
【上手度】★★★☆☆
【說話度】★★★☆☆

92

白腹凱克鸚鵡

玩耍、嬉鬧……總之就是喜歡快樂的事情。

各種大型鸚鵡

大型鸚鵡中有許多頭腦聰明、壽命超過40年的長壽品種。飼養時，必須有視同家人般相處的心理準備，以及長時間與牠共同生活的覺悟。

大型鸚鵡的特徵有哪些？

如果要飼養身體大、叫聲也大的大型鸚鵡，最重要的就是整理好飼養環境。籠子的尺寸，請考慮尾羽的長度和展開翅膀時的大小來做選擇。尖銳的鳥喙力道很強，所以放入籠內的食器用品等，請使用不鏽鋼或陶器製品。性格雖依種類而異，不過聰明、長壽等卻是任何一種都相同的。要長久一起生活的大型鸚鵡，就如同家人一般，只要人類以愛心來對待，牠就會用加倍的愛和信賴來回應。

93

粉紅鳳頭鸚鵡（粉紅巴丹）

冠羽是淡粉紅色，從頭到腹部都是鮮艷的粉紅色。依賴性強的性格，可好好建立膚觸關係。

94

DATA 粉紅鳳頭鸚鵡

【原產地】澳洲全境
【體長】35cm～38cm
【體重】350g～400g
【壽命】約40年
【聲音大小】★★★☆☆
【上手度】★★★★★
【說話度】★★★★☆

大葵花鳳頭鸚鵡（大巴丹）

個性較為神經質，偶爾會發出無法控制的大叫聲。很怕寂寞，所以經常和牠一起玩或是進行肌膚接觸是很重要的。

DATA 大葵花鳳頭鸚鵡

【原產地】澳洲
【體長】約50cm
【體重】約880g
【壽命】40～50年
【聲音大小】★★★★☆
【上手度】★★★★☆
【說話度】★★★★★

95

96

DATA 折衷鸚鵡

【原產地】新幾內亞、澳洲、所羅門群島周圍
【體長】約35cm
【體重】375g～550g
【壽命】40年～50年
【聲音大小】★★★☆☆
【上手度】★★★★☆
【說話度】★★★★☆

97

右：折衷鸚鵡（雌鳥）

和乖巧的雄鳥相反，雌鳥是調皮的性格。特徵是身體顏色呈紅色和藍色，鳥喙為黑色。

左：折衷鸚鵡（雄鳥）

和雌鳥比起來，性格較為溫和。身體顏色是綠色，鳥喙為黃色。

98

巴福氏金剛鸚鵡

稀少種的巴福氏金剛鸚鵡。特徵是鳥喙根部為紅色。

DATA 巴福氏金剛鸚鵡

【原產地】厄瓜多西部、哥倫比亞西南部
【體長】65～85cm
【體重】1200～1600g
【壽命】60年
【聲音大小】★★★★★
【上手度】★★★★☆
【說話度】★★★★☆

DATA 非洲灰鸚鵡

【原產地】非洲中南部、迦納、安哥拉、薩伊
【體長】32.5cm～35cm
【體重】350g～400g
【壽命】約40年
【聲音大小】★★☆☆☆
【上手度】★★★★★
【說話度】★★★★★

99

非洲灰鸚鵡

個性溫和，是幾乎可以和人對話的天才鸚鵡。

藍黃金剛鸚鵡（琉璃金剛）

個性溫和友善。長長的尾羽非常優雅。

100

DATA 藍黃金剛鸚鵡

【原產地】中南美洲～玻利維亞、巴拉圭
【體長】82cm～90cm
【體重】900g～1300g
【壽命】約50年
【聲音大小】★★★★★
【上手度】★★★★☆
【說話度】★★★★★

大達摩鸚鵡（幼鳥）

成鳥的鳥喙是紅色的，身體的顏色也有明顯區分。

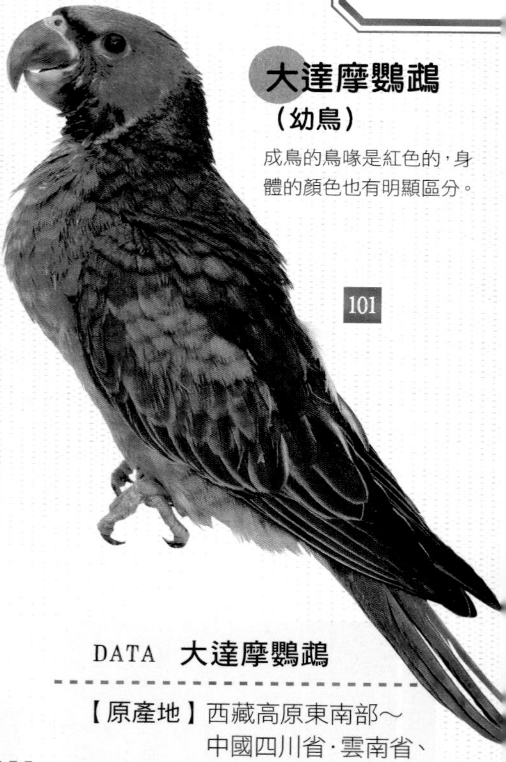

101

DATA 大達摩鸚鵡

【原產地】西藏高原東南部～中國四川省·雲南省、印度阿薩姆地區
【體長】約50cm
【體重】550～600g
【壽命】15～18年
【聲音大小】★★★☆☆
【上手度】★★★★☆
【說話度】★★★★☆

橙翅亞馬遜鸚鵡（幼鳥）

很會說話而且是表演達人。是拉丁系的熱歌勁舞高手。

102

DATA 橙翅亞馬遜鸚鵡

【原產地】中南美洲
【體長】36～38cm
【體重】400～500g
【壽命】30～40年
【聲音大小】★★★☆☆
【上手度】★★★★☆
【說話度】★★★★☆

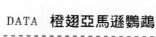

非常可愛的
各種雛鳥們

信賴人們的眼睛和搖晃不穩的走路姿態非常可愛！
從雛鳥就開始飼養，可讓愛情更加深厚。

103 雞尾鸚鵡的肉桂種雛鳥。即使是雛鳥，臉頰也有鮮明的橘紅色。

105 虎皮鸚鵡的雛鳥。拚命吃著食餌的模樣非常可愛。

104 雞尾鸚鵡的黃化種雛鳥。彷彿在說：「我肚子餓了～」一樣。

107 虎皮鸚鵡的雛鳥們。「大家聚在一起好溫暖哦！」

106 大達摩鸚鵡的雛鳥。一看到注射器就把嘴巴張得大大的。

P8～39刊載之鸚鵡照片的攝影協力店家

Compamal池袋店／2、3、21、26、27、35、58、66、68、70、71、73、74、75、76、77、78、90、93、99、100、104
Compamal上野店／4、6、12、23、30、34、36、39、44、49、50、56、57、60、87、89、91、95、98、103
DokidokiPetkun／5、7、11、13、14、15、19、20、22、24、32、37、40、43、47、48、52、54、59、61、62、63、64、65、67、69、72、79、80、81、82、83、85、86、88、92、96、105
Piccoli Animali／8、9、10、29、31、33、38、42、45、46
寒川水族館／1、16、17、18、25、28、41、51、53、55、84、94、97、101、102、106、107

COLUMN 1

鸚鵡的不可思議

為什麼會說話？

鸚鵡具有使用共通的鳴叫聲交談，藉以提高同伴意識，交換情報來確認安全的習性。因此，牠們也非常喜歡和人類擁有共有的語言，對對方的反應樂在其中。當然，這也和鸚鵡的發聲器官肌肉發達，舌頭的形狀就像人類一樣肌肉厚實等身體的機能有密切的關係。在小型鸚鵡中，虎皮鸚鵡和雞尾鸚鵡的雄鳥特別會說話。中型種、大型種雖然會依種類而異，但有些鸚鵡甚至能做到彷彿正在進行交談般的對話。

鳥的眼睛在暗處真的看不見嗎？

白天活動的鳥，夜間是不行動的。只是，若要說鳥的眼睛晚上看不見，其實是不正確的。鳥類中也有貓頭鷹是夜行性的，而且候鳥也會在夜間移動，所以牠們的眼睛在夜晚是看得見的。不過，說到鸚鵡很少在夜裡活動的原因，是因為就算實際上看得見，但是在夜晚的黑暗中，牠的視力也還沒有到達可清楚視物的程度，所以正確的答案是，在黑暗的地方，眼睛並不太有效用。

為什麼會五顏六色的？

藍色、紅色、綠色、黃色……五彩繽紛又美麗的容姿，是其他動物或人類身上所沒有的。說到為什麼會有如此豐富的色彩，那是因為鳥類本身是藉由「視覺」來辨識其他動物和自己的同類的。一般認為鸚鵡居住在廣大又樹木繁茂的叢林等處，很難發現伴侶，因此為了凸顯自己而演化成了豐富的色彩。

第2章 認識鸚鵡

認識鸚鵡的個性和習性

想要和成為伴侶的鸚鵡快樂地生活，首先要了解牠原本的性格和習性，為鸚鵡整頓好能夠安心的環境吧！

為了防禦天敵，喜歡高的地方

鸚鵡總是想著要讓自己的地盤變得舒適。在野生狀態下，鸚鵡的天敵・猛禽類（鷹鷲等）具有從高處往下攻擊的特點，因此一般認為鸚鵡是為了防禦敵人對自己和同伴展開攻擊，才會喜歡儘量在高處生活。

飼養下的鸚鵡和野生鸚鵡一樣，設定位置的高度對牠們來說也是很重大的問題。籠子的位置過低會讓牠們變得膽怯，反之過高就會變得具有攻擊性。所以也可以說，藉由設定高度的調整，是能夠改變鸚鵡的性格和行為的。

MEMO

鸚鵡和高度的關係

由於鸚鵡具有「居高臨下者比較厲害」的意識，所以為牠建立剛好的位置關係是很重要的。

鸚鵡有依自己高於或低於對方的視線，來設定彼此上下關係的習性。

請注意應經常將鸚鵡放在低於人的視線的位置和牠相處。這也是可以讓鸚鵡感覺安心的高度。

當鸚鵡的位置比人的視線還高時，牠會誤以為自己處於優位，可能會出現咬人或是不聽話的情況。

配對（夫妻）間的羈絆很強，喜歡黏在一起

鸚鵡大多是由複數配對形成集團一起生活的。這是因為集團行動可以說是防禦天敵的最佳對策，如果離開同伴孤立的話就等於「死亡」。不過，說是集團，畢竟只是配對的集合而已，和最頂端有老大統治的集團並不一樣，所以「對等」就成了守護和諧的重點。因此，集團內的情感維繫很強，「在一起」這件事會讓鸚鵡感到安心。

舉例來說，鸚鵡擅長的「模仿」也是這種行為之一。這是因為牠們知道，發出相同的語言除了可獲得安心感之外，自己也會因為飼主高興而感到快樂，可以加深彼此間的關係。另外，當鸚鵡覺得四周沒有人，感覺到孤立感時所出現的「尖叫」，也是在表達「想要在一起」的一種行為。

一定要記住

這就是重點！！

1. **相處的位置要比視線稍低**
鸚鵡對於位置比自己低的對象會變得強勢，所以要把牠交給小孩子時，一定要蹲下來。

2. **喜歡和可以安心的同伴在一起**
飼主和鸚鵡一起快樂說話的時間是很重要的。可以藉此加深彼此的關係。

3. **「單隻飼養」也不寂寞**
築巢期之外要增加新的鸚鵡時請慎重考慮。可能成為壓力的來源。

4. **讓牠自己玩以避免無聊**
請在籠內放入玩具等，讓牠學著「自己玩」。不過，營造可以睡午覺的安靜時間也很重要。

5. **以深刻的愛心來對待牠**
有個經常給予愛心的同伴（人），對鸚鵡來說是很幸福的。

Q 單隻飼養不好嗎？

A 因為怕牠孤單而增加新的鸚鵡未必是件好事。原來的鸚鵡可能會把對方當作是侵入地盤的敵人而加以攻擊。想在築巢（繁殖）以外的期間迎進時，請慎重判斷。

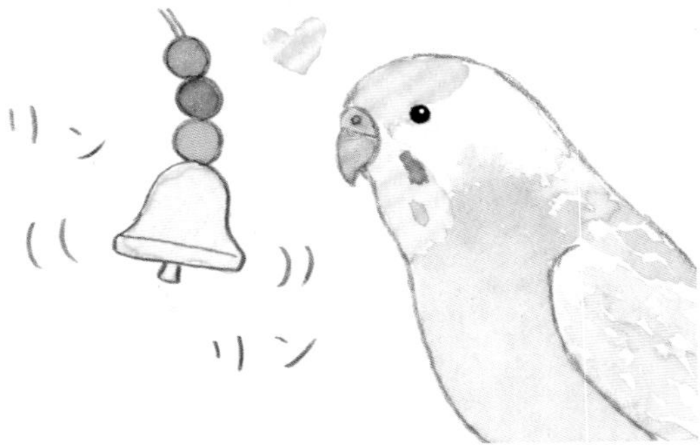

Q 鸚鵡的伴侶是？

A 對於和人類一起生活的鸚鵡來說，能夠給予關愛的人類就是唯一的伴侶。別忘了要經常給予關愛，避免讓牠無聊，滿足牠在腦力上的好奇心，可以說就是讓鸚鵡長壽的秘訣。

認識鸚鵡的身體

想要和成為同伴的鸚鵡長久生活，飼主必須先了解鸚鵡的身體構造。這也和鸚鵡的健康有密切的關係。

鸚鵡的身體構造

羽毛

佔了體重10%的羽毛，其大小、形狀會依鸚鵡的種類而異。羽毛分為絨羽（down）和正羽（feather）2種，絨羽有保溫用的絨羽和半絨羽，正羽則有覆蓋身體表面的體羽和主翼的飛羽。一般認為如果沒有其中的飛羽，鳥類就無法飛起來或是往前進。

骨骼

為了飛行而大為發達的胸部肌肉，以及支撐肌肉、稱為「龍骨」的大骨，是有效利用翅膀上所不可欠缺的。此外，內側已成為多空隙海綿狀的骨骼實現了身體的輕量化，而支撐身體的無數骨骼則分別提高了強度。不僅如此，鸚鵡的腳被稱為「對趾足」，抓握東西的能力也很發達。

呼吸系統

在複雜化的呼吸系統中，有個可以讓空氣送到骨骼中的特殊器官「氣囊」。藉此可以將大量的空氣儲存於體內，源源不絕地供給氧氣。此外，「氣囊」也可以讓身體變得輕盈。對於不會出汗的鳥類來說，甚至在散熱機能上也能發揮效用。

消化器官・泌尿器官

鳥類最大的特點是腸子短、沒有膀胱，排泄物也不會存在身體中。另外一項特徵就是為了輕量化，口中沒有牙齒，具有將吃下的食物泡脹變軟的「嗉囊」；但這也是微生物容易滋生、容易發炎的器官。此外，鳥類的尿液是以固體的形式排出，糞便中的白色部分就是尿。

其他

支氣管有個可發出叫聲的「鳴管」。一般認為鸚鵡之所以擅長說話，就是因為鳴管發達的緣故。除此之外，在腰的上部有個稱為「尾脂腺」、負責分泌油脂成分的器官。藉由整理羽毛將油脂成分塗抹於整個身體，可以發揮防水效果，保持亮麗的羽毛。

為了「飛行」而發達的特殊身體

自由飛翔在天空中的鳥，為了讓「飛行」的行為實現，身體有些部分比其他動物還要發達。鳥類不可欠缺的翅膀就是其中之一。還有，在活用翅膀上不可缺少的骨骼構造和有助於身體輕量化的器官等，也都有不同於其他動物的優異進化。

不過，複雜的呼吸系統也有缺點：只要輕輕握住胸部周圍，就會輕易造成呼吸困難。這表示在不了解身體構造的情況下接觸鳥兒，是一件非常危險的事。請先學習正確的抓握法（參照P.80）。

鸚鵡身體的特徵

冠羽

頭上長出的細長羽毛，也稱為飾羽。

眼睛

在明亮的陽光中，仍能瞭望遠處的眼睛。能夠以330度的廣闊視野觀察周圍的情況。

胸部

佔了體重4分之1的強力大胸肌，以及支撐肌肉的龍骨突是飛行必需的動力來源。

腳

鸚鵡比其他鳥類還要靈活的腳是前面有2趾，後面也有2趾的「對趾足」。可以牢牢地抓住東西或是棲木。

鸚鵡
對趾足

其他鳥類
不等趾足

鳥喙

像刀刃一樣的下喙取代了牙齒。也稱為「第3隻腳」。

鼻孔

有露出型和從外觀看不見的2種類型，會依鸚鵡的品種而異。

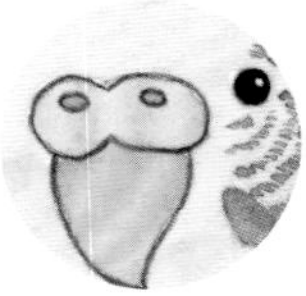

羽毛

覆蓋身體的羽毛大致分成2種。其中飛羽是飛翔上絕對不可欠缺的。

特長是小小的身體裡充滿了優異的能力

經過長年累月、持續特殊進化的鳥類。鸚鵡也是一樣，最終演變成了經常意識到飛行這件事的身體。例如，鸚鵡的體溫經常保持在40～41℃左右，可以說是一遇到緊急時刻就能立即起飛的暖機狀態，藉由將吃下去的東西立刻燃燒，就能維持這樣的體溫。

在器官之中，也有2個頗具特色的胃。一個是分泌胃液的前胃，以及用角質堅硬的部分來磨碎食物的後胃。

還有，將吃下的食物立刻化成糞便排泄出去的極短大腸，和比其他鳥類更能正確模仿人聲的發達聽覺等，都可以說是優異的能力。不僅如此，棲息在乾燥地帶的虎皮鸚鵡等，因為在泄殖腔中也有腸纖毛，所以能夠有效率地吸收水分。

從雛鳥到成鳥

和身體的成長一樣，心理也會日漸發展。因此，事先了解從雛鳥時開始的心理變化是很重要的。

鸚鵡的身體和心理的關係

鸚鵡是難以從外觀判斷年齡的動物。然而，鸚鵡也同樣會歷經雛鳥～幼鳥的時期而成長・成熟，迎向老齡鳥時代，而這些也會讓精神狀態出現變化。也可以說，鸚鵡的身體和心理有著密切的關係。

還有，在醫食住上也必須隨著成長階段來做變化。幼鳥時期的鸚鵡好奇心旺盛，是智能發展的時期，這個時期請特別在籠子裡放入玩具。成鳥時的重點在於考慮是否繁殖，而老齡鳥則是要讓牠有適合的飲食生活。

成長日曆

	初生雛鳥	需餵餌雛鳥	幼鳥
模樣			
大致時期 ※注1	到出生後約20天	小型種為出生後20～35天，中型種為出生後20～50天	小型種為出生後35天～5個月，中型種為出生後50天～6個月
換算成人類	新生兒期	乳兒期	迎向第一反抗期的幼兒期
身體	剛剛孵化，體內仍留有做為營養來源的蛋黃	到轉換為獨力進食為止的期間	從轉換為獨力進食開始，到雛鳥換羽為止
心理	100%依賴親鳥的時期。感情等尚未萌芽。	感情和判斷力開始萌芽，對照顧自己的對象產生「愛情」。將人類當做「父母親」般信賴也是在這個時期。	形成自我和個性的時期，開始迎向第一反抗期。意識從「父母親」轉變成「同伴」，跟在飼主後面跑的「眷戀行為」也開始變得明顯。

※注1 成長的日數會依種類和個體而異，僅作為大致參考介紹。詳細請前往寵物店或專門醫院進行確認。

反抗期和性成熟期必須注意

首先，必須充分注意的是反抗期。被認為原因在於「自我萌芽」的第一反抗期，是在意識上由照顧自己的「父母親」轉變成「同伴」的時期；第二反抗期則是「青春期」，就和人類一樣，是心理和身體都容易失調的時期。原本溫和的鸚鵡突然變得會咬人，或許就是因為來到了反抗期也不一定。

另外，已經能夠繁殖的鸚鵡迎接的是「性成熟期」。這個時期之後的鸚鵡只要一發情就可能因為荷爾蒙分泌而變得興奮，地盤意識提高，發生攻擊性的行為。請注意要充分警戒，和牠稍微保持一些距離等。充分考量鸚鵡的發展階段和成長，對照自身的情況，慈愛地守護鸚鵡平安無事地成長，或許這才是同伴的任務吧！

老齡鳥	熟成鳥	成鳥·性成熟完成期	亞成鳥·性成熟前期	未成年鳥

小型種為8歲之後（大致壽命10歲～15歲），中型種為10歲之後（大致壽命15歲～20歲）	小型種為4歲～8歲，中型種為6歲～10歲	小型種為出生後10個月～4歲，中型種為出生後1歲半～6歲	小型種為出生後8個月～10個月，中型種為出生後10個月～1歲半	小型種為出生後5個月～8個月，中型種為出生後6個月～10個月
50歲以後的老齡期	約35歲～50歲左右的中年期	18歲～35歲的成年期	13歲～18歲的青春期 第二反抗期	8歲～13歲的小學生
成熟老練期以後	從繁殖退休期到成熟老練期	適合繁殖期	從性成熟期到適合繁殖期	從雛鳥羽毛更換為成鳥羽毛，到性成熟期為止
活動力下降，對新事物變得興趣缺缺。喜歡飼主將自己捧在手上等較為文靜的愛情表現。不妨讓牠度過悠閒的每一天吧！	在精神上也非常穩定的時期。攻擊行為減少，不過有時會因為無聊而發生問題行為。提供比以前更讓牠興奮期待的日常生活是很重要的。	具有充實感、精力旺盛的時期。這是和同伴之間建立深厚的愛情關係的階段，經常可見因為愛而發生的「尖叫」、「吃醋」等問題行為。	身體和心理的平衡變得不穩定，容易採取攻擊性態度的第二反抗期。有喜歡交流的傾向，智能的發展也是在這個時期。	從對父母親的依賴生活開始獨立的時期。在這個時期最重要的就是讓牠學習「社會性」。不要只是驕寵牠，也要讓牠學會「忍耐」。

鸚鵡一天的生活方式

對於白天活動的鸚鵡來說，夜行生活可能會成為壓力的原因。遵循原本規律的生活節奏，正是長壽的關鍵。

鸚鵡的一天

白天的生活方式

基本上是獨自度過的。假日不妨帶牠一起出去散步或是做做日光浴吧！

AM6:00

起床

隨著日出起床後，立刻吃東西。

AM7:00

遊戲

遊戲或運動，自由活動的時間。

AM8:00～11:00

獨處的時間（上午）

在籠中唱唱歌或說說話的獨處時間。

防止夜貓子生活，採取規律的生活方式

日出而起，日落而眠——這可以說是對鸚鵡而言最自然的面貌。因為鸚鵡是藉由這樣規律的每一天來感覺日照時間的變化以判斷季節的，因此和夜行生活多的人類一起生活，可能會造成節奏崩壞。結果可能會損害健康，或是讓精神變得不穩定。

此外，獨處的時間、休息的時間也是很重要的。每天固定時間，有節奏變化地安排好遊戲、回籠獨處的時間，就是成為「健康鸚鵡」的捷徑。

夜間的生活方式

將日照時間控制在12個鐘頭以內是很重要的。請覆蓋籠子等，為鸚鵡製造安靜黑暗的環境。

PM18:00

就寢

吃完晚飯後，稍微休息一下就睡覺。

PM15:00～17:00

遊戲

頻繁地吃東西，或是玩籠內玩具的遊戲時間。

PM12:00～14:00

獨處的時間（下午）

在籠子裡迷迷糊糊地打個盹，或是整理羽毛。

鸚鵡有夜盲症嗎？在夜裡也看得見嗎？

一般認為鳥類都是夜盲的，不過，真的所有的鳥類都是這樣嗎？既然有夜行性的鳥類代表．貓頭鷹，以及能讀取星星位置來飛行的候鳥等等，就不能一概而論地說「鳥＝夜盲」了。可是對人類而言，我們身邊最常見的雞，一到了夜裡眼睛就無法看得清楚，所以真的就有如夜盲一般。

那麼，鸚鵡的情況又如何呢？鸚鵡在夜間仍然能夠微微地看見周圍。因為只要周遭變暗，活動力等就會開始降低，所以當鸚鵡睡覺時，最好關燈，或是在籠子上覆蓋遮光布簾。

對鸚鵡來說，重要的是一天的生活節奏。不妨利用計時器等，確保日照時間．光周期的穩定等，注意維持規律的生活。如此一來，心理和身體都會變得健康，和教養也有密切的關係。

從動作看出心情

鸚鵡有非常豐富的表情。了解其動作背後所隱藏的心情，有助於讓你和鸚鵡的生活變得更加快樂。

看「動作」就能了解鸚鵡真正的想法

「動作」被視為是鸚鵡的特色，裡面隱藏著許多關於鸚鵡的重要情報和秘密。覺得快樂時就會唱歌跳舞，有節奏地跳來跳去，讓人覺得可愛到不行；反之，悲傷的時候會縮起翅膀，無精打采的；生氣的時候則會倒豎全身的羽毛來表達自己的心情。

就像這樣，只要觀察動作，就能夠讀取鸚鵡正在想些什麼、心情覺得如何。此外，當鸚鵡做出特別的動作時，將其前後的行為等記錄下來也有助於進行判別。

高興

稍微張開翅膀，興奮地抖動羽毛。

嚇一跳

豎立冠羽。翅膀緊貼身體。

興奮不已

頭不斷用力地上下擺動。

什麼？

對什麼感到有興趣時就會歪著頭。

摸摸我！

像行禮般地將頭低下。

好煩哪！

張開翅膀胡鬧。有時會發出巨大的叫聲。

想睡覺

嘴巴會發出啾哩啾哩的聲音。

我生氣了！

羽毛倒豎，臉部鼓脹。

來玩嘛！

靜不下來地在棲木上走來走去。

COLUMN 2

思考關於寵物壽命的問題

壽命比自己還短

鸚鵡的壽命會依個體和種類而異，但因壽命比人類的短，所以請別忘了道別的日子總有一天會到來。如果那一天來臨了，最重要的是將快樂的回憶留在心中，以積極的心態來接受它。或許會感到難過，但也建議你不妨將鸚鵡死亡之前的經過狀態記在日記裡，或是發表在部落格中。藉由公開這些記錄，或許可以拯救其他鸚鵡的生命也不一定。

要採取什麼樣的埋葬方式？

如果住家有庭院，想埋在庭院裡的話，需要挖掘深度約30～50cm的洞穴，以免被其他動物挖出來。靜靜將牠掩埋後，再放置鮮花或墓碑、石頭等。另外，如果要火葬，可以和寵物葬儀社或自治團體協商，將骨灰帶回家。如果要利用寵物墓園，也可以在納骨之後進行法事。

為了避免罹患喪失寵物症候群

和曾經傾注滿滿關愛的鸚鵡道別，任何人都會感到悲傷。這時，不隱瞞悲傷地向親友訴說，盡情哭泣，將感情表現出來也是一個方法。或許悲傷會有一段時間無法消失，但是藉著製作相簿，或是將有紀念性的物品隨身攜帶、裝飾在房間裡等，讓眼睛看得到的地方能一直感覺到牠的存在，或許也有助於減輕悲傷。

第3章 和鸚鵡一起生活

真的能和鸚鵡一起生活嗎？

對鸚鵡的生命抱持責任，愛惜地飼養是身為家人的義務。
先整理好鸚鵡生活的環境，之後再迎接牠回家吧！

世界上獨一無二的鸚鵡，絕對不能一時衝動就購買！

以色彩豐富的羽毛和可愛的表情為我們帶來歡笑的鸚鵡。別忘了鸚鵡也是有感情的，是獨一無二的生命。因此，請在考慮過飼養環境等事項之後，再迎接牠回家吧！

飼養鸚鵡，和貓狗一樣需要花費食餌和飼養用具、治療費等相關費用。還有，絕對不能在衝動之下購買。在迎接鸚鵡回家之前，必須得到家人的同意，充分商量家中的環境是否能飼養、是否能負責任地進行照顧等等，這些都和能否與鸚鵡共度舒適的生活有密切的關係。

MEMO

飼養鸚鵡的心理準備

「你想從鸚鵡身上獲得什麼呢？」先明確地知道目的，
完全想清楚後，再來思考當做家人迎進的意義吧！

飼主千萬不能忘了「做為家人的一員，終生都要持續珍惜地飼養」──這樣的心情和做為同伴的責任。請先思考一下「自己能夠做好日常的照顧和清掃等工作嗎？」這個問題。或許會覺得麻煩，不過一旦飼養了，就不可以半途放棄。必須要有能夠跨越這些問題的自信。還有，就算這些問題解決了，開始飼養之後，也可能會因為叫聲等而發生糾紛。飼養前最好事先調查過鸚鵡的種類和性格。有些種類會從早上開始就大聲鳴叫。如果住在居家密集的地方，必須先得到鄰居的許可，如果是公寓就要仔細閱讀規章，事先詢問清楚，做好萬全的對策。除此之外，也要考慮到所養的鸚鵡萬一生病時的情況。在與病魔對抗時，必須承擔治療費用和看護的負擔；在反抗期時，可能也無法和鸚鵡互相理解。然而，不論是哪一種情況，飼主都必須不改初衷地給予關愛。建議你先弄清楚「自己想要飼養什麼樣的鸚鵡？」然後在網路上或是寵物店等收集情報吧！

飼養前先想一想！鸚鵡的幸福是什麼？

假設有一天，你在店裡遇見了命中注定的鸚鵡。不過，急著買下後發生問題，或是感到後悔的例子並不少見。請記住，就算你是一時心血來潮，對鸚鵡而言卻是影響一生幸福的重要關鍵。為了防範這種情況發生，預先知道飼養上的必要條件是非常重要的。

對鸚鵡而言同樣重要的居住環境問題就是其中之一。請先調查鸚鵡的習性和性格，想好噪音對策。還有，對於好奇心強烈的鸚鵡，一看到少見的東西，就會變得非常想玩。有時必須要將家具類等覆蓋起來加以保護，以免遭到鸚鵡咬壞。

另外，還必須花費玩具或設備、食餌費等飼養費用。要和鸚鵡過著愉快的生活，飼主的理解和努力是不可欠缺的。

CHECK

飼養前先確認一下吧！

□ 和其他動物的同居

和做為天敵的動物同居，會成為鸚鵡的壓力。請務必將牠和其他動物分別放在不同的房間，以消除牠的不安。

□ 時間

白天活動的鸚鵡，是生活非常規律的動物。日出而起，日沒而眠，所以在時間上也要相當注意才行。

□ 環境

在不安穩的場所或是氣溫·濕度不穩定的場所飼養，是造成身體不適的原因。為牠準備可以舒適生活的場所吧！

□ 金錢

飼養管理的花費比購買費用更多。除此之外，健康檢查或疾病治療等在金錢上也有相當的負擔，這點也要有所覺悟才行。

□ 生命的責任

會有超過10年、20年的相處期。身為飼主，不管什麼時候都要給牠不變的愛。當然家人的協助也很重要。

□ 叫聲

鸚鵡叫聲的大小會依種類而異。尤其是早晚都會活潑鳴叫的鳳頭鸚鵡科的鳥（白色巴丹系等）必須特別注意。

一起生活的準備

鸚鵡會經常思考，花心思想把自己的生活空間弄成更好的場所。請替牠想想什麼樣的空間才是讓鸚鵡能舒適生活的空間吧！

簡單好用最重要！選擇容易居住的籠子

選擇做為鸚鵡住家的籠子時，請注意種類和大小。一般來說，虎皮鸚鵡是35㎝見方，愛情鳥或雞尾鸚鵡為45㎝見方。如果要讓牠乘坐到手上，建議使用前面可以大大打開的類型。因為可以打開的籠子，具有防止地盤意識提高且容易清掃的優點。

總而言之，重點就是要選擇適合鸚鵡的籠子。此外，籠子的形狀如果複雜的話，很可能會傷到翅膀，最好選擇拱型或是方型等簡單的形狀。

CHECK

準備物品的確認清單

開始和鸚鵡共同生活前，先從選擇基本用品開始吧！
只要備齊這些東西，就能隨時將鸚鵡帶回家了。

- ☐ 籠子

小型鸚鵡 虎皮鸚鵡等	35cm×35cm 左右的小型籠子
中型鸚鵡 小太陽屬錐尾鸚鵡等	45cm×45cm 左右的中型～大型籠子
大型鸚鵡 非洲灰鸚鵡等	50cm×50cm 以上的大型籠子

- ☐ 籠子放置台（紙）
- ☐ 食餌（食餌種類在P90～97）
- ☐ 飼料盒
- ☐ 飲水盒
- ☐ 棲木
- ☐ 溫度·濕度計
- ☐ 保溫用品
- ☐ 清掃用品
- ☐ 玩具
- ☐ 外出籠

布置出鸚鵡喜愛的空間

設置好籠子後，接下來就是要創造舒適的空間。配置上至少要有可安裝棲木（上下2根）、飼料盒和飲水盒的簡單空間。重點是讓鸚鵡多多少少能夠運動，又不會妨礙到牠。

棲木要設置在鸚鵡能夠飛行移動的距離。對於還不習慣人類的鸚鵡，秘訣是要在籠子的前方設置一根棲木，以利雙方取得交流。飼料盒和飲水盒要放置在比較容易食用的前方場所；附屬的器具如果太大，請更換成適合鸚鵡尺寸的大小。玩具不要放在正中間，以免妨礙鸚鵡的動線。溫度計和濕度計要設置在人容易察看的籠子外側。此外，調皮的鸚鵡偶爾會跑出籠子外，所以在出入口安裝環扣會比較安心。

基本的籠子配置

※冬天要準備保溫器等，注意溫度管理。

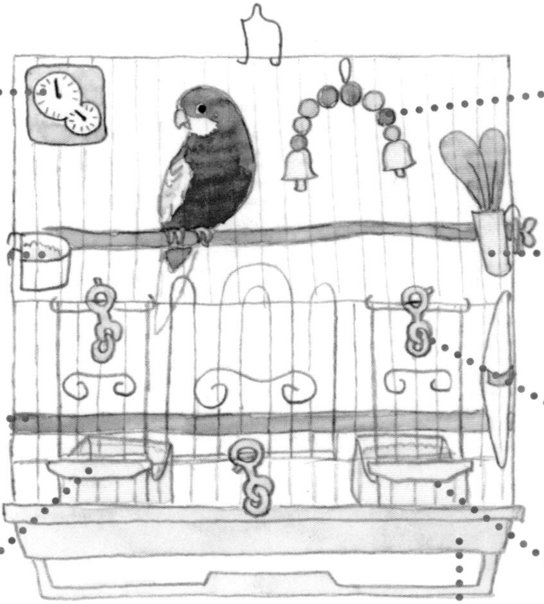

溫度計&濕度計

測量籠子的溫度和濕度。設置在籠子外側、方便人察看的位置。

牡蠣粉盒

裝入牡蠣粉等副食品。大小可比飼料盒小一號。

棲木

安裝木製的棲木。可以在前方和後方有高低階差地安裝 2 根棲木。

飲水盒

可以利用籠子的附屬品，也有附蓋型等各種不同的種類。

籠子

配合鸚鵡的體型大小來選擇。最好選擇沒有多餘裝飾或塗裝的類型。

玩具

配合鸚鵡的大小和喜好來設置玩具。雜七雜八全放進去是不行的。

插菜筒

放入新鮮的蔬菜。如果沒有插菜筒的話，用夾子固定安裝也可以。

環扣

除了有固定出入口以免被打開的功用之外，也可以給鳥啄著玩。

飼料盒

放入混合種籽等主食。如果想給予顆粒飼料等，就要再準備一個。

以飼養用品創造出舒適的空間

提供鸚鵡舒適生活的飼養用品有很多。請從豐富的種類中選出適合鸚鵡的最佳用品吧！

重要的是要挑選適合的大小、形狀、材質及顏色

多用點心思，從各式各樣的種類中選出適合鸚鵡的個性和習性的用品吧！

先來選擇飼料盒和飲水盒。基本上是使用附屬品，但是依鸚鵡的大小和用途而異，有時也必須做更換。棲木有各種不同的材質和形狀，視鸚鵡的種類而定，棲木的粗細也是很重要的，但是一般來說，使用附屬的棲木並沒有問題。此外，環扣或插菜筒等也可以配合用途來稍加改造。由於最終目的是要創造出鸚鵡的舒適空間，所以切忌塞得太滿。

籠子

要確認大小是否適合鸚鵡，以及清掃的難易度。以形狀簡潔者為佳。

1 吊籠型

2 圓頂型

3 標準型

4 壓克力型

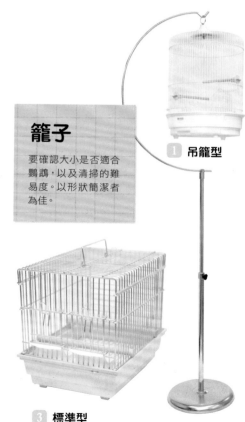

棲木

要注意粗細，以免成為爪子過長的原因。以腳趾大約環繞半圈的粗度為理想。

12

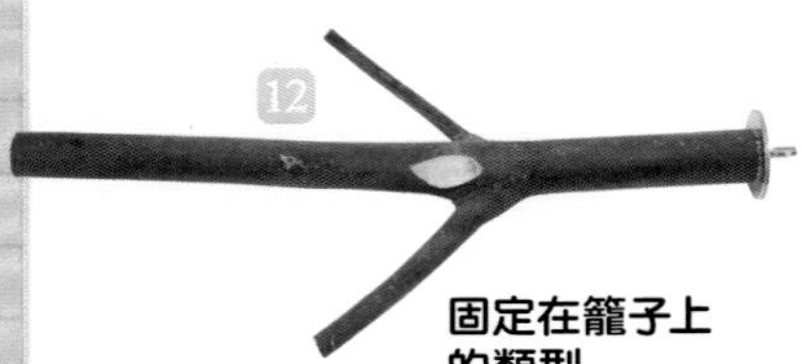

固定在籠子上的類型

14

13

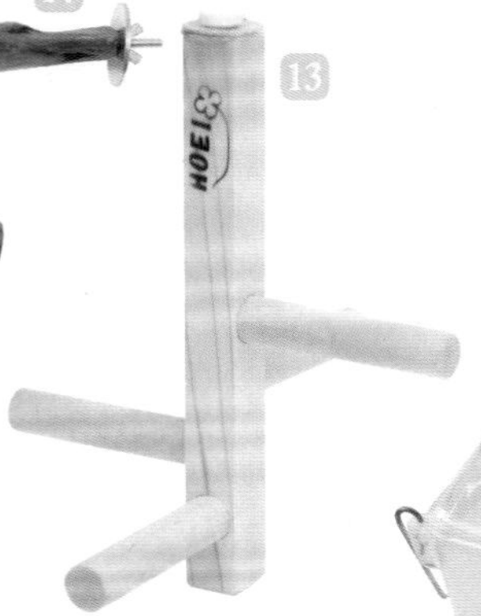

15 放置型

標準型

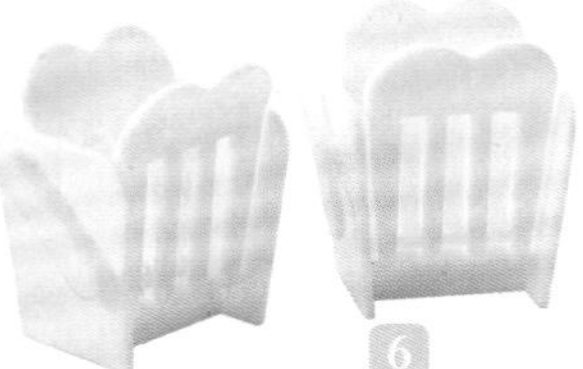

6

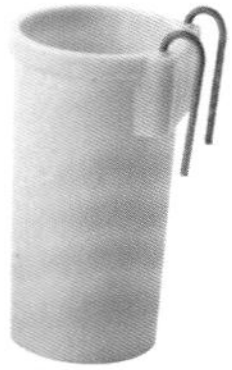

5

插菜筒

用來插入青菜。因為是每天使用的東西，所以要經常保持清潔！也可以用夾子等來代替使用。

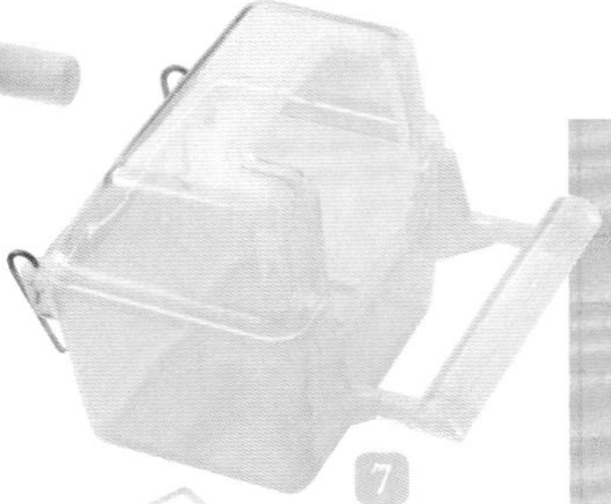

7

飼料盒

重視的是進食的難易度。力道強的中型鸚鵡，選擇堅固的陶器製品比較安心。

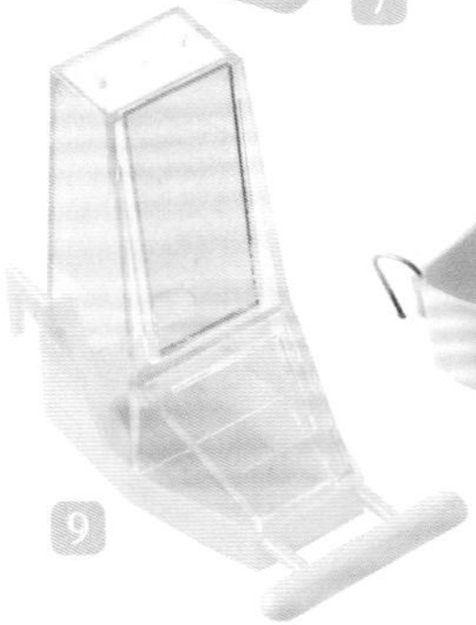

9

8

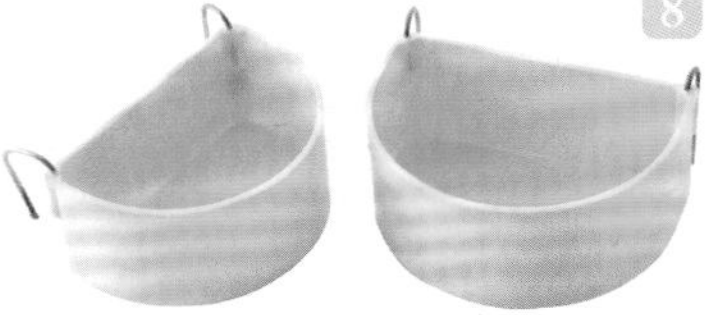

牡蠣粉盒

掛在籠子上的類型，拆卸簡單，容易清理，很推薦使用。

16

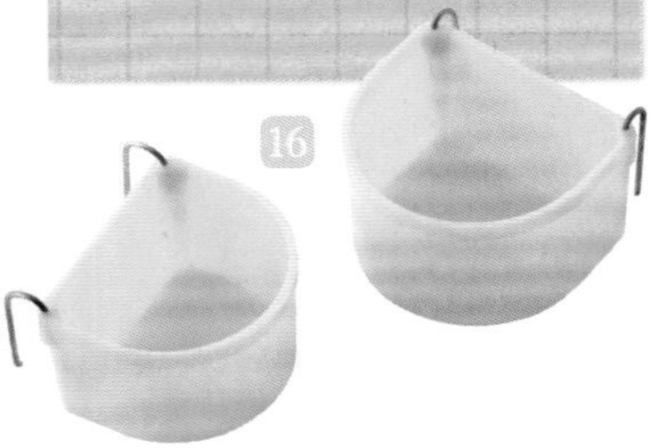

飲水盒

縱型的容器，優點是水不容易髒污。橢圓形的製品也可以替代來做為水浴用。

11

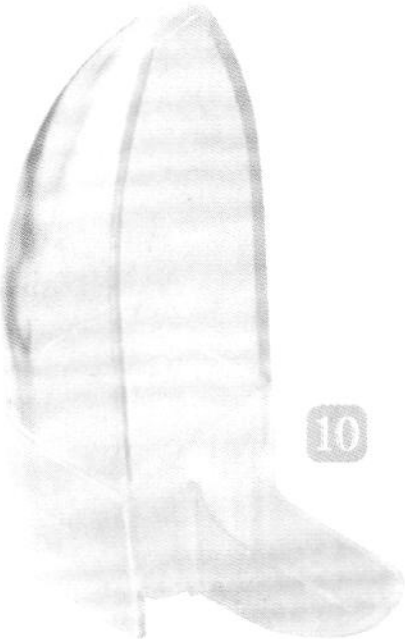

10

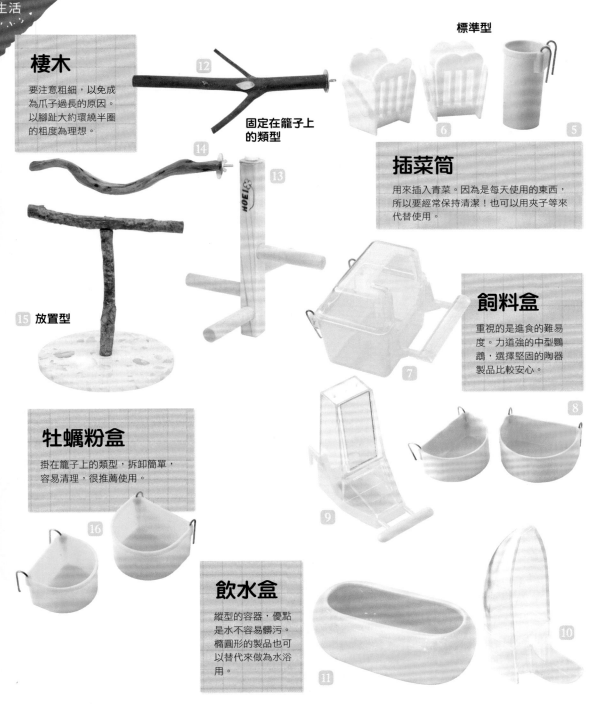

保溫用品

籠內若能經常保持在適溫，就能進行健康管理。要注意溫度的過度升高。

19 **寵物保溫燈（雛鳥用燈泡）**

外出籠

外出時會很方便。放入棲木可讓鸚鵡穩定站立，更容易搬運。

17 **上部為圍欄型**

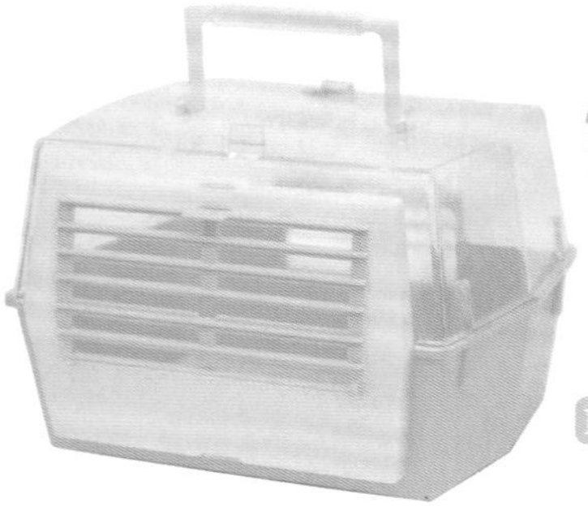

18 **標準型**

溫度計&濕度計

由於實際溫度會比人類的體感溫度更熱或更冷，所以確實測量溫度和濕度是很重要的。

20

環扣

為了避免鸚鵡打開籠子的入口，用來代替鎖使用。

大 中 小

21

22 **刮板**

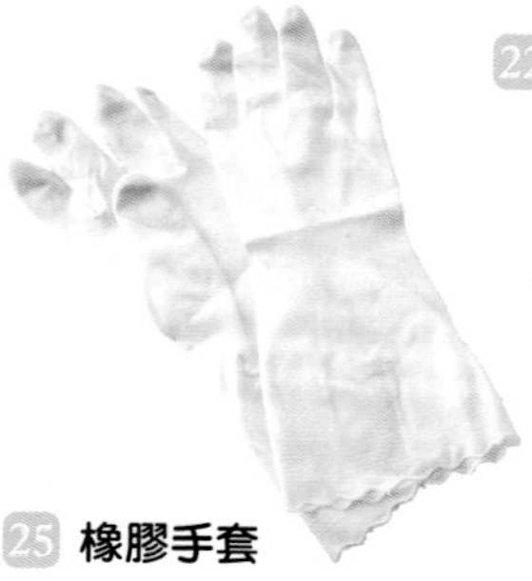

25 **橡膠手套**

24 **海綿**

23 **掃把和畚箕**

清掃用品

清掃籠子的用品。清潔劑或消毒劑若有殘留會造成危險，所以基本上並不使用。

小鳥床鋪

在籠內垂掛的帳篷。也可以設置在棲木旁邊。

鳥用浴盆

也有簡單的陶器型，不過附蓋型可避免水飛濺到周圍，非常方便。

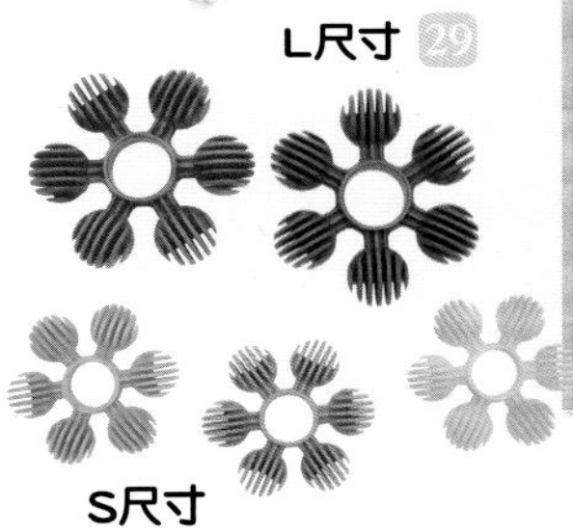

玩具

種類豐富多樣，請配合個體的大小和喜好來給予。要選擇安全性高的製品。

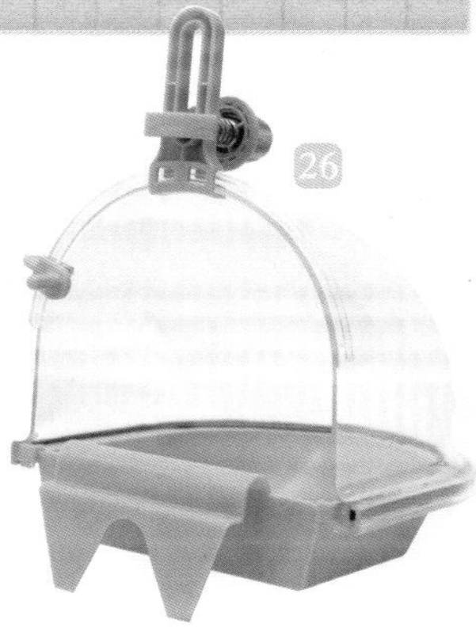

CHECK

需備齊的用品清單

在此舉出支援鸚鵡生活環境的基本飼養用品。
請確認清單，為鸚鵡製造更好的環境吧！

- ☐ 鳥籠
- ☐ 飼料盒
- ☐ 飲水盒
- ☐ 玩具
- ☐ 棲木
- ☐ 插菜筒
- ☐ 環扣
- ☐ 溫度計·濕度計
- ☐ 保溫用品
- ☐ 清掃用品
- ☐ 外出籠
- ☐ 報紙

1 吊籠型鳥籠（僅籠子）￥10416／b
2 圓頂型鳥籠（easyhome 35 high arch）￥6300／b
3 鳥籠￥3050／a
4 壓克力鳥籠（easyhome clear bird 35）￥4095／b
5 插菜筒（小型2入組）￥100／b
6 插菜筒（2入組）編輯部私人物品
7 附蓋飼料盒 ￥196／b
8 半月型飼料盒（大型2入組）￥330／b
9 附鏡容器￥286／b
10 香蕉造型飲水器￥187／b
11 陶器製飲水盒／編輯部私人物品
12 細棲木￥358／b
13 棲木14吋（細）￥1512／b
14 棲木￥660／a
15 棲木組￥2800／a
16 牡蠣粉盒（2入組）￥116／b
17 輕巧提籠（M）￥1400／b
18 外出籠￥1100／a
19 寵物保溫燈（40w）￥4820／b
20 Twin meter（溫濕度計）￥1155／b
21 環扣（小）￥160、（中）￥240、（大）￥345／a
22 、23、24、25 清掃用具／編輯部私人物品
26 鳥用浴盆（附蓋）￥1260／b
27 無著色玩具（鞦韆M）￥680／a
28 吊掛型玩具￥1580／a
29 Star Ring（S尺寸）各￥190、（L尺寸）各￥285／a
30 小鳥床鋪（布×刷毛布帳篷M）￥2000／a

※詢問處請參照P159（a＝Compamal上野店，b＝DokidokiPetkun）

正確的鳥籠放置場所

周圍的環境也會使得鸚鵡的健康和精神狀態發生變化。就算只是鳥籠的放置場所，也要慎重地選擇哦！

喜歡穩定的環境！必須注意濕度和日照

鸚鵡是重要的家庭成員之一。好不容易成為了家人，就把籠子放在大家齊聚一堂的客廳吧！

可是，電視等太過吵鬧也會成為壓力，所以重點還是要儘量尋找能讓鸚鵡安穩的場所。此外，穩定的溫度、濕度也很重要。理想的放置場所，應該是一整天的溫差小、有適當的陽光照射、通風良好的地方。可以讓鸚鵡安穩生活的場所在哪裡呢？或許有些困難，但不妨站在鸚鵡的立場來試著想一想吧！

MEMO

放置籠子的最佳高度是？

對於在野生狀態下經常遭受來自上方的天敵攻擊的鸚鵡來說，決定順位的要素之一就是高度。如果將籠子放在比人的視線還高的地方，就會採取攻擊性的態度，可能會成為藐視人的鸚鵡，所以一定要設置在比人的視線稍低的位置。反之，如果位置過低，也可能會變得怯弱。重點是要稍低於視線。標準型的鳥籠因為可以調整高度，使用上會比較方便。

籠子的形狀和材質呢？

選擇籠子時，請配合鸚鵡個體的大小，儘量選擇簡單的籠子（尺寸的大致標準請參照P.56）。另外，因為鸚鵡會啄咬，所以選擇沒有塗料的籠子會比較安全。飼養尾羽長的鸚鵡時，最好特別選擇具有高度的籠子。

不可放置籠子的場所

鸚鵡的健康狀態不佳，問題或許是出在籠子的放置場所？遇到這種情況時，請立刻改變放置場所。

照不到陽光的陰暗處

陽光是鸚鵡的活力來源。和壓力及換羽失敗也有關係。

陽光直曬的窗邊

長時間沐浴在直射陽光下，會造成中暑。放在窗邊時必須注意。

直接吹到風的場所

壓力或體溫低下可能會造成生病，請儘量避免放在有強風吹襲的地方。

沒有人來的寂寞場所

對鸚鵡來說，和人接觸是必要的，所以過度安靜的場所也最好避免。

一天中氣溫差距大的地方

放在屋簷下或空調送風處等，很容易造成生病。

充滿煙或瓦斯的廚房

小部分的瓦斯對鸚鵡來說就是劇毒。為避免危險，請勿放在廚房。

可以看見天敵動物的地方

除了貓或烏鴉會出沒的陽台或庭院之外，對同居的寵物也必須注意。

出入繁忙的場所

近門處等人經常出入的地方，無法讓鸚鵡安穩下來。

和鸚鵡相遇

了解鸚鵡的大小和顏色、各自的性格後，想要飼養什麼樣的鸚鵡呢？
決定好飼養的目的之後，就去尋找喜歡的那一隻鸚鵡吧！

MEMO

主要的種類和特徵

請記住，鸚鵡的特徵和性格會依種類而有極大的差異。
重點是決定好飼養目的，選擇適合各自環境的鸚鵡。

種類	小型		中型
鳥名	虎皮鸚鵡	桃面愛情鳥·牡丹鸚鵡	雞尾鸚鵡
叫聲	經常說話，也會發出叫聲，不過聲音較小	鳴叫次數稍少。叫聲較高且帶有金屬感，稍微大聲	稍微大聲，會長鳴。次數比較少
與人親近度	很容易與人親近，最適合做為手乘鸚鵡	和人很親近，不過偶爾會咬人	非常容易親近
※說話	擅長說話	會說一點單語，但不是很擅長	也有會說話的個體，但並不算擅長
繁殖	比較容易繁殖	可以繁殖	可以繁殖

※會說話的基本上是雄鳥。

選擇配合環境和喜好的鸚鵡！

以個人喜愛的大小、顏色、叫聲等做為基準，從眾多的種類中選出想飼養的鸚鵡吧！依住宅環境選擇尺寸也是重點。一般來說，受人喜愛的小型鸚鵡等，因為經濟負擔小、在狹窄的空間也能飼養，很適合推薦給初入門者。

除此之外，應該也有人希望能讓鸚鵡說話，或是讓牠乘坐在手上的吧！關於上手，幾乎所有的鸚鵡都具有可能性，而至於說話就依鸚鵡的種類而異了，還是先清楚調查過後再選擇吧！

一定要記住

飼養前必須詢問的事項

1 鸚鵡的種類‧性別

飼養方法會因此而有所不同。要先問清楚是否合乎自己的期望。

2 出生多久了

年齡在今後的健康管理和掌握鸚鵡的精神狀態上也是很重要的。一定要問清楚。

3 之前的飼料種類

可能會不吃你購買的飼料。請詳細詢問飼料種類和製造廠商等。

4 籠子的溫度維持在幾度

溫度也會造成健康狀態的改變，所以要詢問適當的溫度大約在幾度。

5 照顧時的重點

可以預先防範問題發生。有在意的地方最好先詢問清楚。

Q 推薦這樣的店家

A 想要獲得鸚鵡，一般都是從寵物店或是小鳥專門店購買。在分辨良好店家的方法上，首先推薦的是鳥的種類和數量豐富、可以仔細挑選想要飼養的鸚鵡的店家，也要注意店員是否經常關注鳥兒、鳥兒是否健康充滿活力等。此外，人員是否應對良好也是基準。對於鳥的種類和特徵等提問能夠適切地回答，詳細地給予飼養方法上的建議等，這些也都是重點。販賣的商品種類多嗎？是否有陳列保存期限較新的商品？人員是否都有技巧地餵食成鳥‧雛鳥等等，這些都要非常注意觀察才行。

在寵物店或專門店購買比較安心

迎進鸚鵡的方法有好幾種，最普遍的方法就是前往寵物店或小鳥專門店購買。這種方法的優點是，可以從眾多種類中選擇數隻個體，一邊觀察比較，一邊進行挑選。此外，如果有親切的店員，還可以獲得詳細的資訊和建議。不妨預先調查，尋找良好的店家。

如果已經決定好想要飼養的鸚鵡種類，也可以從專門的繁殖者處購買。因為是培育鸚鵡的專家，可以期待獲得有力的支援和建議。

此外，也可以從網路購入珍奇的鸚鵡。不過，無法親眼所見進行判斷則是個大問題。還有，如果是朋友分送的，最好在詢問過性格和習慣，健康方面也做過檢查後再收養吧！

伴侶鳥的選擇方法

好不容易帶回家的鸚鵡卻老是生病——飼主們應該都不想要這樣的經驗吧！請仔細觀察身體，確實檢查是否健康吧！

伴侶鳥的意義是？

不是只有觀賞樂趣的「籠中鳥」，而是一心尋求與人交流，能夠由此感到喜悅的鳥兒就稱為「伴侶鳥」。對於伴侶鳥來說，人類的手上是能夠安心的場所，與人接觸也可以說是感受愛意的行為。

此外，牠可愛的說話和表演，或許正是「想要一起玩」的心情表現。只要飼主抱持愛心和牠接觸，牠就會以可愛的表情和動作，用全身來回報。伴侶鳥可以說是有如終身伴侶般的存在。

CHECK

選擇時的檢查重點

決定好想要飼養的鸚鵡種類後，接下來就是選擇要帶回哪隻鸚鵡了。
掌握檢查重點，迎接健康的鸚鵡回家吧！

雛鳥

- ☐ 有沒有淚眼？
- ☐ 鳥喙的咬合正常嗎？
- ☐ 不過瘦，身體有重量感嗎？
- ☐ 腳很粗嗎？
- ☐ 走路方式怪異嗎？
- ☐ 羽毛漂亮嗎？（可能會因為下痢或嘔吐而髒污）
- ☐ 翅膀能強而有力地拍動嗎？

未成年鳥

- ☐ 糞便正常嗎？（是否下痢等）
- ☐ 是否有好好進食？
- ☐ 是否對人有興趣，會主動靠近？
- ☐ 是否有「來摸我」之類的動作，喜歡與人接觸？

仔細觀察鸚鵡的外觀和行為

做為飼主，注意成為伴侶鳥的鸚鵡的健康是理所當然的。購入時，連小地方也要調查清楚健康狀況。鸚鵡本來是體質強健的動物，不過可能會因為運送時的壓力而導致生病，或是感染傳染病。還有，有時也會發生外觀看起來健康，實際上卻已經生病的情形。

簡單的分辨方法就是，要檢查鸚鵡進食時是否充滿了活力、吃得津津有味。請求店員讓你餵食也是一個方法。還有，也要注意鳥籠內的糞便是否正常。

開始飼養後，建議你積極參與小鳥的俱樂部或是團體。這樣不僅可以推廣飼養鸚鵡的樂趣，也可以互相交流飼養上必需的知識和情報。

分辨健康鸚鵡的方法

檢查鸚鵡的行動和身體的各個小地方，
看清楚鸚鵡的健康狀態吧！

眼睛

眼睛是否大而明亮，沒有眼屎，眼神清澈？

鳥喙

咬合和呼吸是否正常？周圍是否髒污？

腳・趾頭

腳是否彎曲？趾頭有無缺損？是否能正常走路？

糞便

是否具有可滾動的硬度？是否為綠色和白色混雜的正常糞便？

鼻孔

周圍是否髒污？有沒有打噴嚏或流鼻水等？

羽翼

兩側的翅膀是否緊貼在腋部？是否乾淨、羽毛齊全、色澤漂亮？

臀部

肛門有無出血？周圍是否因為糞便而髒污？

行動

是否有大量進食，精神飽滿地活動著？是否一直在睡覺或是曲腳蹲著？

迎接鸚鵡回家

在商店等購入鸚鵡之後，接著就要準備接回家了。
在此介紹的是想要愉快地將鸚鵡帶回家時，最好要注意的事項。

MEMO

迎進雛鳥時的重點

要將健康的雛鳥帶回家，季節等也是非常重要的。
確實掌握重點，以萬全的狀態迎接牠回家吧！

季節最好在春天

春天和秋天是店家有很多雛鳥進貨的季節，可以從許多雛鳥中選擇健康的雛鳥。此外，秋天的話，因為緊接著來臨的冬天比較難以在溫度上進行管理，如果是初入門者，建議在春天時迎進為佳。

能夠自行餵餌嗎？

雛鳥還沒有辦法自己進食，因此從開始飼養的那一天起，就要每天餵牠吃東西。如果是小雛鳥，必須每隔數小時就進行餵餌。如此一來，也可以讓牠成為溫馴可親的手乘鸚鵡。

必需物品

- ☐ 飼養容器（草窩、塑膠籠、塑膠箱等）
- ☐ 墊料（廚房紙巾、木屑、乾草等）
- ☐ 餵餌用具（湯匙、注射器等）
- ☐ 食餌（飼料粉等）
- ☐ 溫度計
- ☐ 保溫用品

要點是要重現舒適的店家環境

迎接鸚鵡回家時，首先必須將飼養容器和保溫器具、食餌等最低限度的品項備齊。

如果是雛鳥，比起遊戲，吃飯睡覺更像是牠的工作。餵餌的時候稍微對牠說說話，餵完後也別忘了要用布覆蓋在籠子上，讓牠休息。

另外，在鸚鵡的飼養環境上，24～28度左右是適當溫度。先問清楚在店家飼養時的飼養溫度，也要注意籠內的溫度，這點非常重要。總之就是要充滿關愛地飼養，靜靜地守護鸚鵡的健康。

一定要記住

迎進未成年鳥時的重點

1 環境

一般是設置 2 根棲木，不過在尚未熟悉環境的階段，最好只在籠子的前面設置 1 根就好。這樣做可以防止鸚鵡將後方的棲木當做避難場所，創造讓鸚鵡容易來到前方的環境。首先要從籠子的外面給予零食等，保持一定的距離，隔著籠子進行交流。

2 取得信賴

剛接回家的鸚鵡對周圍的警戒心較強，處在不知該如何對待新家人才好的狀態。請不要過度積極地行動。首先要努力讓牠認同「飼主是可以感到安心的存在」，而不是和牠玩。請為牠創造可以安穩下來、舒適的空間。不要過度糾纏地對牠説話也頗有效果。

3 觸摸

接回家 2 ～ 3 天後，鸚鵡的警戒心會漸漸減弱。從這個時候開始，應該就會逐漸出現央求的動作。只要一出現這樣的動作，就要露出笑容叫牠的名字。想辦法撫摸或是給牠零食地進行肌膚接觸，以消除牠對人手的恐懼感。等牠更加習慣後，應該就會出現各種動作和可愛的表情了。

4 讓牠接觸他人

開始飼養後稍經一段時間，已經熟悉飼主後，就可以進行下一個階段。不妨邀請愛鳥的親朋好友等，介紹給鸚鵡認識吧！和陌生人接觸、交流，是養育出喜歡人、性格穩定的鸚鵡的必需步驟。請慢慢花點時間，儘量將牠介紹給許多人吧！

考慮鸚鵡的心情，親切地對待牠

不管是雛鳥、未成年鳥或是成鳥，帶回家的初期，重點在於要有耐性地慢慢拉近距離。我們都明白小鳥真的很可愛，不過今後還有很長的相處時間正在等待著。還是配合鸚鵡的步調，注意做適當的接觸吧！

尤其是已經確立自我的鳥，對於新的環境和家人會感到手足無措。儘量給予和寵物店相同的環境是有幫助的。

除此之外，平時接近牠的時候，請以平穩的聲音面帶笑容地對牠說話，為牠營造可以安心的環境吧！或者也可以練習讓牠吃喜愛的零食。

如果是未成年鳥，甚至能訓練牠成為手乘鸚鵡。不過，請不要勉強讓牠乘坐在手上，還是必須尊重鸚鵡的個性才行。

最初度過的第一個禮拜

凡事一開始都是最重要的。只要準備周全地迎接鸚鵡回家，牠也一定會喜歡這個家的。請和家人商量，同心協力地注意鸚鵡的安全吧！

第一天的對待方式

雖然想要摸摸牠，但第一天還是先控制一下吧！尤其是雛鳥，除了餵餌之外，其他時間請讓牠安靜度過。萬一刺激到牠，可能會造成體溫降低的情況。若是未成年鳥，也請讓牠安靜度過。突然的動作會提高鸚鵡的警戒心，因此要對牠做出什麼動作時，一定要先叫牠的名字。總之，請將讓鸚鵡認同「飼主是安心的存在」做為最優先的考量。

絕對不能過度逗弄

剛開始的第一天請避免接觸鸚鵡。如果是雛鳥，可能會造成體溫低下；未成年鳥也會感覺到強大的壓力，請注意。

注意回家的路程！嚴禁繞去別的地方

想要將健康的鸚鵡以充滿活力的狀態帶回家，回家的路程也很重要。對鸚鵡來說，因為是初次的移動，所以會感覺更加疲勞，也有強烈的壓力。因此，請直接回家，不要繞路到別的地方。準備移動用的提籃也很重要，甚至連溫度管理也要注意，尤其是購買雛鳥的人更需特別注意。

此外，也很建議在回家的途中先接受獸醫師的健康檢查。知道健康時的數值，對於今後的生活會大有幫助。

第2天～第3天

可能還難以習慣人類和新的環境。不妨以穩健的語氣對牠說話，讓牠認識飼主。也可以將籠子打開幾分鐘，讓鸚鵡來到外面，靜靜地守護牠。這時也別忘了要溫和地對牠說話。當然，千萬不可心急。對鸚鵡來說，勉強的身體接觸也會成為壓力的原因。

第4天～第5天

逐漸熟悉新環境，對人的緊張也漸漸緩解的時期。請注意和鸚鵡接觸時，一定要用笑容對待牠。只要看到飼主溫和的表情，鸚鵡應該就會減少恐懼，可以安心地將自己交付給對方。要進行身體接觸，給予零食也很有效果。先詢問店家鸚鵡喜歡的零食，然後隔著籠子，一邊叫牠的名字一邊給予。

第6天～第7天

藉由隔著籠子給予零食，以增加身體的接觸，讓鸚鵡對人的恐懼心逐漸消失，也願意親近手。接下來，就是要讓牠習慣在外面玩。利用零食，慢慢誘導牠到籠子外面來。當然，絕對不能勉強！重點是要配合鸚鵡的步調，不可焦急。只要這樣做，就能逐漸增加和鸚鵡身體接觸的頻率了。

配合鸚鵡步調的身體接觸

可愛的鸚鵡終於來到我家了。雖然很想趕快跟牠玩，不過第一天請抑制這種心情，靜靜地守護牠吧！這在人際關係上也是一樣的，不要焦急、慢慢地縮短距離，可以減輕鸚鵡的壓力。

另外，仿效在店家時的對待方式也很有效。先詢問好鸚鵡喜歡的零食和遊戲方式、叫牠的方式等，以順利地和鸚鵡展開接觸。

不過，鸚鵡中也有本來就不喜歡和人接觸的。在購入時，先檢查是否親近人也很重要。如果是購入後才發現的話，請不要勉強碰觸鸚鵡，花幾個月的時間慢慢地讓牠習慣。只要鸚鵡明白飼主是可以信賴的人，應該就會逐漸靠過來了。

鳥籠的清掃

幾乎整天都待在裡面的鳥籠，其衛生環境也關係著鸚鵡的健康。將鳥籠及周圍經常保持清潔，就是照顧的基本。

CHECK

準備用品清單

不知道要準備哪些東西來清掃籠子內部的人，
不妨參考下列清單，準備好清掃工具。

- ☐ 橡膠手套（防止直接碰觸糞便）
- ☐ 口罩（避免吸入糞便的飛沫）
- ☐ 刮板（刮掉緊黏糞便的刮糞板）
- ☐ 刷子（用來清掃鐵絲網）
- ☐ 抹布（籠內的擦拭清潔）
- ☐ 海綿（底部清潔用）

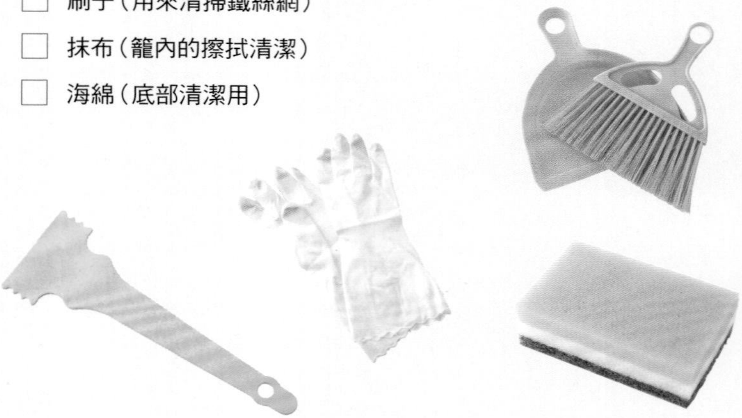

每天清掃，創造健康的環境

想要創造住得更舒適的場所，請不要省略鳥籠及其周圍的每日清掃。尤其是鋪在籠子下面的紙，請務必每天做更換。如此一來，除了衛生管理之外，還可以檢查每天的糞便，也關係著鸚鵡的健康管理。

如果怠忽每天的清掃，糞便或種籽殼等堆積於底盤後，會在空氣中飛揚，對於衛生也會帶來危害。如果覺得清掃很麻煩，也可以在底盤重疊鋪上好幾張報紙，每天早上掀掉一張來做更換。

大掃除要每月一次

只做每日的清掃，並無法說是清潔的環境。
每個月一次的大掃除，讓每個角落都清潔溜溜。

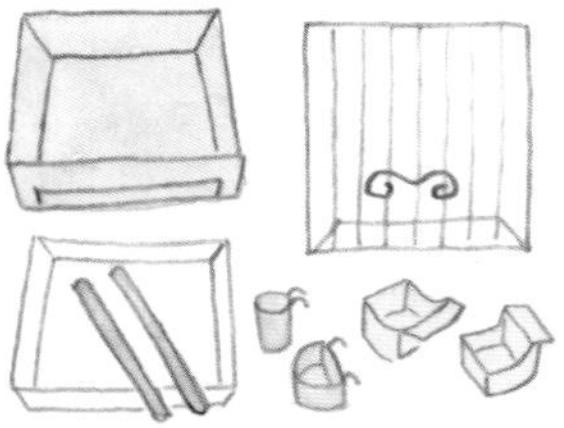

①取出物品

將籠內的東西全部拿出來。底部的抽屜底盤也要抽出來。

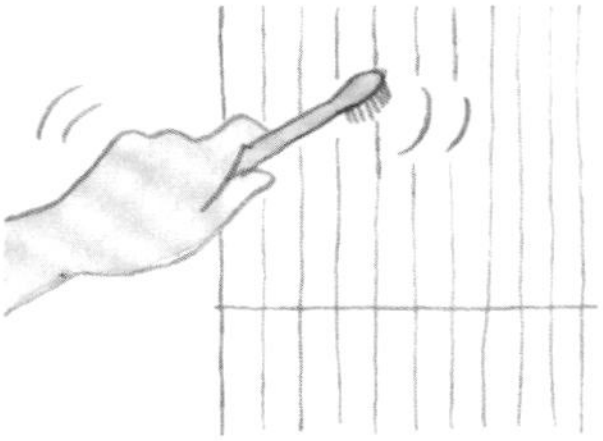

②清潔鐵絲網

使用牙刷等仔細清洗籠子側面的鐵絲網。

③洗淨底盤，熱水消毒

用清潔劑清洗底盤的部分，以溫度不會造成塑膠歪曲的熱水進行殺菌。

④日光消毒

籠子和小物品都充分洗淨後，再用日光消毒曝曬到完全乾燥為止。

⑤籠子周圍的清掃

用吸塵器吸取飛散在周圍的羽毛或飼料等，用抹布擦拭乾淨。

⑥重新組裝

所有東西都完全乾燥後，在原本的位置重新組裝籠子就完成了。

每週一次的中掃除，每月一次的大掃除是很重要的

想要經常保持清潔的環境，除了每天的清掃，每個禮拜一次、每個月一次的清掃也很重要。

首先是每個禮拜一次的中掃除，請先用專用的刮板刮掉緊黏在隔糞網板上的糞便。如果糞便已經凝固的話，只要用沾了溫水的抹布慢慢擦拭，就能擦得很乾淨。還有，底部的抽屜底盤要抽出來，用刷子清洗，飼料盒和飲水盒的消毒等也不能忘記。

接著是每個月一次的大掃除，建議在天氣晴朗的日子裡進行。將籠子裡的東西全部拿出來，仔細地清掃。重點是不使用清潔劑，採用熱水消毒法等，確實地清除掉污物和細菌。全部清洗完畢，最後再拿到外面曬太陽，進行日光消毒。在預防傳染病和寄生蟲上，這也是最適合的方法。

除去房間中的危險

小小的鸚鵡會在人類沒有察覺的地方遭遇危險。為了鸚鵡，請多加注意，好讓牠能安全舒適地生活。

CHECK

安全重點的確認

人類覺得生活方便的房間，對鸚鵡而言可能是危險的場所。
請注意檢查要點，創造安心安全的環境吧！

- [ ] 有害的植物（芋科的觀葉植物、聖誕紅、聖誕玫瑰、鈴蘭等）
- [ ] 易碎物品（玻璃或鏡子等）
- [ ] 危險物品（髮夾、香菸、鉛筆、美工刀、電風扇等）
- [ ] 電熨斗或電暖器 ※可能會燙傷
- [ ] 人類的食物（包含藥品等）※可能會對身體造成不良影響
- [ ] 小物類（橡皮筋、夾子等）※可能會誤吞
- [ ] 家具或門的隙縫 ※可能會逃走或是出不來
- [ ] 沒有蓋子的水族箱或鍋子 ※可能會飛進去，或是被熱水或熱油燙傷
- [ ] 電鍋等的蒸氣 ※可能會燙傷

能夠守護鸚鵡性命的只有飼主而已！

雖說是室內，卻也未必安全。在我們日常使用的物品中，有些對鸚鵡來說卻是危險的。將鸚鵡放到籠子外面時，請收拾好這些危險物品，讓鸚鵡可以安心、安全地遊玩。

還有，鸚鵡非常喜歡搗蛋。放鳥出來的時候，最好也先將書本、擺設品、小飾品等收拾乾淨。不希望牠去的地方，必須先擺置障礙物等，加以防護。尤其是電線和插座，可能會造成觸電，請先遮蓋起來。

可以和其他寵物或鳥類同住嗎？

我想有不少人都會考慮讓鸚鵡和以後想飼養或是原本就飼養的動物同居。不過，首先要考量的是，那樣的生活不管是對鸚鵡還是對其他動物來說，都必須要是愉快的才行。

基本上，要讓彼此舒適地生活，就要區隔房間等為牠們調整生活空間。例如，就算同居動物是草食動物，但因習性不同，可能會讓鸚鵡感受到精神上的壓力；何況是和貓狗等肉食動物的同居，更會帶給鸚鵡強大的壓力。認為牠們會相親相愛的只有人類而已。因為就算有很好的教養，還是無法抹滅掉對於捕食動物的恐懼心理。

要和鳥類同居時，則關係到與鸚鵡是否合得來。也可能會導致受傷或是打架，因此請仔細觀察狀況後再讓牠們開始同居吧！

如何處理讓人困擾的行為？

要解決鸚鵡的問題行為，重要的是必須理解人類和鸚鵡在生活規則上的不同，以正確的處理方法來對待牠。

讓人困擾的行為是來自於教養錯誤

具代表性的問題行為有咬人和亂叫、啄羽等。在這些行為的背後一定有其原因，別忘了造成原因的就是人。因為過度寵愛，或是不考慮到鸚鵡心情的行動等，都會讓鸚鵡產生問題行為。

當鸚鵡發生問題行為時，不能立刻斥罵牠。被人責罵，可能會讓鸚鵡對人產生恐懼心理，破壞信賴關係。重要的應該是飼主要學習教養鸚鵡的方法，正確地教導牠生活規則，如此一來才能徹底解決問題行為。

MEMO

正確的鸚鵡教養法

斥罵只有反效果。當牠有良好行為時就要稱讚牠。

只要降低鸚鵡的視線，就會變得比較願意聽人說話。

不能一味地生氣！要採取針對該行為的教養

鸚鵡平常就有啄咬東西的習性，不管是多麼親近人、會乘坐在手上的鸚鵡，還是可能會咬人。這時，絕對不能馬上就發脾氣，否則將會完全失去鸚鵡的信賴。

突然被咬時，若是吃驚地把牠甩開，可能會造成鸚鵡受傷，最好能夠冷靜處理。如果鸚鵡不鬆口，可將被咬的手指用力往上舉，或是用玩具來轉移牠的注意力，就會順利鬆口了。對於有咬人習慣的鸚鵡，請不要讓牠乘坐在飼主的頭上或肩膀上。另一項重點是，要讓鸚鵡理解飼主的地位比較高。不要聽從鸚鵡的要求，而是要等待牠穩定下來。

仔細觀察表情等，當牠好像要咬人時就不要伸出手，這也是一個方法。適當地處理，可以緩和鸚鵡的問題行為。

MEMO

不能用這樣的教養方式

鸚鵡無法理解語言。隨便生氣只會提高牠的恐懼心。

體罰會帶來恐懼。會讓建立好的信賴關係開始崩壞。

消除問題行為的教養方法

鸚鵡的問題行為來自於不同的原因，也有各自相對的處理方法。以正確的教養來建立鸚鵡和飼主的關係吧！

亂叫時

原因

當四周感覺不到有人時，鸚鵡就會湧現強烈的不安；當牠感到寂寞時，就會大聲叫喚。這也是飽受嬌寵的依賴型鸚鵡常見的行為。這時，如果鸚鵡一叫就立刻出現的話，牠會誤以為「一叫就有人來」，更進一步養成大聲亂叫的習慣。

處理法

當鸚鵡亂叫時，不可以立刻出現。等到牠停止鳴叫，變得安靜後，再走近稱讚牠。亂叫的原因可說是來自於對人的依賴，是過度嬌寵所造成的。重點是要保持適當的距離。另外，在牠說話時回應牠，或許可以讓牠變成愛說話的鸚鵡，而不是愛亂叫的鸚鵡。

鸚鵡咬人時

原因

當鸚鵡心情不好時，或是受到人類單方面的逗弄時，就會咬手來進行威嚇。當「一咬對方就會停止」的意識逐漸加強後，就會變成亂咬人的鸚鵡。另外，讓牠咬手指頭玩也不好。牠會誤以為手指是玩具，逐漸變本加厲。

處理法

將被咬的手指用力舉起，或是對著鳥喙吹氣，牠自然就會將嘴巴鬆開。放開手指後，不妨稱讚牠或是給牠獎勵品，這也關係到信賴關係的恢復。另外，可以製作啄咬專用的玩具，當鸚鵡出現想要啄咬的動作時，就把玩具拿到牠前面，效果也不錯。

啄羽時

原因

鳥類拔自己的羽毛稱為「啄羽」，主要原因在於精神上的壓力。當沒人和牠玩的時候，或是反之過度逗弄而讓牠無法安穩的時候，不滿或疲勞感累積下來都會造成鸚鵡的負擔。雖然較少見，但有時不只是心理問題，也可能是疾病或寄生蟲、營養失調、衛生問題等造成的影響。

處理法

如果是疾病造成的，就要和獸醫師仔細商量後進行治療。不過，如果是壓力造成的啄羽，就不是這麼簡單了。請回溯開始啄羽的前後時間，想一想當時牠的行為等，分析造成壓力的原因，全家人一起努力加以消除。其他像是改善食餌或是重新檢視生活環境也是方法之一。

攻擊家人時

原因

原因是由於只有特定的人負責照顧鸚鵡所造成的。這樣不僅當飼主不在時就無法照顧鸚鵡，也可能會破壞全家人的和樂氣氛。視線的高度也很重要。如果鳥籠的位置比人的視線還高，鸚鵡就會誤以為自己在家人之中的地位比較高。

處理法

不要只由特定的人負責照顧，全家一起來幫忙吧！還有，當鸚鵡開始親近家人後，也必須積極介紹給愛鳥的朋友等。這樣一來，應該可以讓牠變得更喜歡人。在牠親近人之前，不妨試著使用零食等。另外，也別忘了相處的時候，要把牠放在低於人視線的位置來遊戲。

陷入恐慌時

原因

有些種類的鸚鵡本來就是膽小的性格。尤其是容易與人親近、愛撒嬌的雞尾鸚鵡更是具備這樣的特徵。當牠安靜休息的時候，對於突發的巨大聲響或是地震等會變得非常敏感。萬一突然大聲說話等不慎驚嚇到牠的話，就會陷入恐慌狀態。

處理法

當鸚鵡陷入恐慌，在籠子裡暴衝時，請溫柔地對牠說話。這時也要檢查是否有受傷。如果房間很暗，請立刻開燈，重點在於要讓鸚鵡知道周圍是安全的。最好讓牠看見飼主沉穩的表情，這樣應該就能恢復平靜了。

變得不相信人時

原因

最大的原因就是體罰。飼主認為是教養而採取的行為會煽動鸚鵡的恐懼心，讓信賴關係開始崩壞。即使不是故意的，也會提高鸚鵡的不信任感。遊戲時間減少就不用說了，不小心揮到牠或是剪趾甲等進行護理時沒有處理好也可能是原因之一。

處理法

想要再次獲得鸚鵡的信賴，必須不焦急、逐步踏實地努力。不要勉強放鳥出來，先隔著籠子對牠說話吧！只要一度失去信賴，就很難恢復到以往的關係，需要花費某種程度的時間才行。請每天付出關愛，配合鸚鵡的步調來進行交流吧！

護理的方法和處理法

要修剪過長的趾甲或是羽毛都需要知識。
來學習正確的護理方法和處理方法吧！

不會受傷的安全護理方法是？

在鸚鵡的護理上，有視需要進行的剪趾甲、剪羽、修剪鳥喙等。其中最常見的就是剪趾甲。

當趾甲過長時就要進行修剪，此時要注意的是血管。由於鸚鵡的趾甲有血管通過，所以可能會出血。在開始修剪前，請先準備好止血劑或將止血用的蚊香等先點好。另外，注意不要讓鸚鵡吸入蚊香的煙也很重要的。以正確的方法固定鸚鵡，使用小動物用的趾甲剪，一點一點地從前端修剪想要修剪的趾甲就可以了。

MEMO

正確的鸚鵡拿持法

※如果是中型鸚鵡，請配合體格選擇其中一種方法來進行。

小型鸚鵡

從鸚鵡背後包覆般地拿著，將頸部夾在食指和中指之間，牢牢固定。其餘手指繞到前方，好像輕輕拿著蛋般地包覆。這時，用拇指和小指固定住雙腳，就能更安心了。

大型鸚鵡

將毛巾覆蓋在頭上，緊緊包覆鳥的身體。雙腳的部分要寬鬆一些，然後再將垂在腳邊的毛巾往上捲到頭上，牢牢固定。

考慮剪羽的必要性

在實際剪羽前，請先充分了解剪羽的優缺點，考慮清楚後再做決定。

先來說明剪羽的優點。因為剪掉了鳥的翅膀，所以放鳥出籠時比較容易管理，可以預防因為不注意而從籠子跑出來的鳥遭逢意外。此外，似乎也有很多人是為了教養目的而進行剪羽。因為不會飛，藉助人手幫忙的機會增加，因此會變得比較容易和人接近，提高成為手乘鸚鵡的可能性。

缺點是掉落意外變多，容易變得運動不足。除此之外，萬一沒剪好，會造成左右翅膀失去平衡，可能會讓鸚鵡折斷翅膀。

動物醫院或寵物店也有幫鸚鵡修剪趾甲或剪羽的服務，不妨請熟練的人來施行吧！

準備的工具

剪刀

沒有剪羽專用的剪刀。使用一般的剪刀即可。

指甲剪

要替鸚鵡剪趾甲時，小動物用的剪刀式指甲剪很方便。

蚊香

出血時使用。將蚊香點燃，按壓在患部。

Q 何謂換羽？

A 意指羽毛的更換。正常的鳥兒一年會換羽超過1次。鸚鵡並沒有明確的換羽時期，但以日本而言，大多是在即將進入夏天的晚春到初夏，或是秋天時進行換羽。

剪趾甲

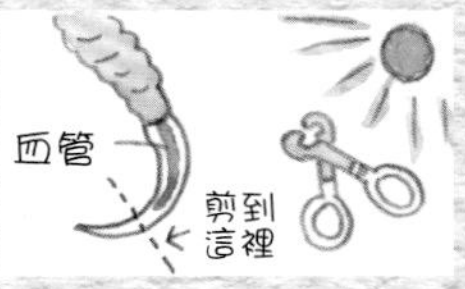

修剪這裡

趾甲裡有血管通過，所以要從末端一點一點地修剪。最好如照片般由2個人來進行。

剪羽

修剪這裡

展開翅膀，剪掉覆羽之下、飛羽外側的4～5根羽毛。如照片所示，最好由拿著鸚鵡的人和剪羽的人，2人一組來進行。只要修剪在正確的地方，就和人剪頭髮一樣是不會痛的。修剪後，約需一年的時間羽毛才會再換新長齊。

外出時、留鸚鵡獨自在家時

有時可能會因為要去醫院或是旅行等而與鸚鵡一起外出。
接下來要介紹在這些時刻可以減輕鸚鵡負擔的必須注意事項。

利用外出籠 安全舒適地外出

和鸚鵡一起外出可以讓牠的地盤意識降低，有助於養育出聽話的鸚鵡。最好有機會就經常外出。只要使用外出籠就能輕易帶著走，而且能夠安全地移動。外出籠的尺寸豐富，要領是要選擇適合鸚鵡體型大小的。

還有，如果鸚鵡不喜歡外出籠，不妨試著用玩具或零食來引誘牠。移動用的籠子裡一定要鋪上紙，放入食餌和水，在寒冷的日子裡也要放入暖暖包，注意保溫，就能讓鸚鵡更舒適地度過。

MEMO

外出時的準備物品

要和鸚鵡外出時，請準備好下列所需的東西，
度過一段安全又快樂的外出時光吧！

外出籠	選擇適合鸚鵡尺寸的籠子。裡面放入棲木會讓鸚鵡更加穩定。
外出繩	鳥用的外出繩，請選擇適合鳥兒尺寸的用品。可以防止意外發生。
食餌・水	放入平常吃的食餌。用脫脂棉等吸水後放入，以免潑灑出來。
保溫器具	寒冷的時候，可以放入用過即丟的暖暖包等。雛鳥請特別注意。
溫度感測器	測量籠內的溫度。使用保溫器具時，請注意不可過熱。

如果是健康的鸚鵡，讓牠獨自在家2～3天是可以的

留鸚鵡獨自在家時，處理方式會依短期或長期而有所不同。

如果是短期，基本上是一晚，冬天時則可以外宿約兩晚的程度。不過，這僅限於鸚鵡的健康狀態良好，並且準備好充分的飼料和清潔飲水的情況。對鸚鵡的健康狀態有疑慮的時候，或是必須長期外出時，建議還是託付給寵物旅館或是動物醫院比較好。

留鸚鵡獨自在家時，在溫度上要比平時更加注意。夏天或冬天等不易進行氣溫管理的時期，可以將空調開弱一點來做溫度調整。如果家人或朋友中有能夠照顧的人，拜託他們也是一個方法。如果是交由他人照顧，最好要先確實告知管理方法，以免發生意外等。

CHECK

獨自留下鸚鵡時的檢查清單

獨自看家對鸚鵡來說是很不安的。長期不在家時，應該考慮利用寵物旅館等；如果是外宿2～3天，則可以讓牠獨自在家。只不過，就算是短期的獨自看家，依不同季節還是有幾個注意事項和必需的準備。請牢記，只要忘了其中一項，就會為鸚鵡的性命帶來危險。

- ☐ 放入充足的飼料了嗎？
- ☐ 水有髒污嗎？分量足夠嗎？
- ☐ 室內溫度是否保持一定？
- ☐ 照明是否有配合鸚鵡的生活週期？

Q 獨自留下鸚鵡時，寵物旅館是最適合的嗎？

A 寵物旅館和動物醫院都是託寄動物的專家，可以安心託付。最好事先確認是否也能託寄鸚鵡。還有，託寄之前一定要先調查清潔度、人員的知識，是否和其他動物同室等，會比較安心。

獨自留下鸚鵡時的注意事項

水

在寶特瓶中裝水，立於籠中，裡面可放入備長炭。

飼料

多設置幾個飼料盒，放入充分的飼料。

照明

可利用照明器具和計時器，營造和平常相同的環境。

溫度

請保持一定的溫度。和人在的時候相同的溫度即為適溫。

增加家人

想要給可愛的鸚鵡增加家人，對飼主來說是很自然的事。就先從親鳥的配對開始吧！

關鍵在於投緣！築巢時必須要配對才行

在鳥類繁殖的築巢上，配對是非常重要的。不過，即使把同品種的雄鳥・雌鳥放在一起，如果彼此看不順眼，還是可能會打架，必須注意。總之，鳥兒間彼此投不投緣是很重要的，只要過了這一關，可以說配對就成功了。

一般的方法都是為現在飼養的鸚鵡迎進新的對象。另外，飼養複數鳥兒時，也有等待其自然配對的方法。如果是以繁殖為目的，最好從一開始就飼養已配對的親鳥。請選擇適合狀況的方法，進行圓滿的配對吧！

MEMO

準備相親

1

將飼養的鸚鵡帶到店家去，和店員商量，為鸚鵡尋找可能速配的對象。

2

隔著籠子讓牠們相親看看。如果鸚鵡彼此間好像合得來，配對就成功了。

這裡要注意！

雄鳥和雌鳥從外觀上非常難以辨識，最好詢問店員。在成功的秘訣上，不分雌雄，重點是要選擇年輕的鳥。順帶一提，在繁殖方面，如果雄鳥比雌鳥年長約６個月～１歲，大多都能順利進行。還有，預先詢問店裡人員，如果相親後雙方合不來的話，是否能夠更換鸚鵡也很重要。此外，會乘坐在手上的鸚鵡，有時並不適合築巢。

雛鳥誕生之前的築巢重點

配對完畢後，就要讓雄鳥和雌鳥在設有巢箱的籠子裡同居。這時籠子裡的設置也必須稍微花點心思。

首先是巢箱的上面要空出空間讓牠們交尾。巢箱裡一定要放置中央開洞、稱為「產座板」的板子。這是能夠防止卵四處散亂，讓卵集中於正中央的工具。棲木是培養愛情的地方，所以請準備2根以上的棲木；食餌和水也必須是平常3倍以上的量。此外，為牠們準備繁殖期用的高蛋白食餌也頗有效。

改變周圍的環境，繁殖的準備也會變得容易。為牠們整理好完備的環境就是飼主的體貼。也別忘了要在雛鳥順利離巢前，準備好營養豐富的食餌等。

①配對同居

讓雄鳥和雌鳥在已設置巢箱的籠子裡同居。如果配對的鳥兒有出現彼此互相整理羽毛等親密交流的模樣，就可以期待牠們築巢了。應該也能看到牠們進入巢箱之類的行為。

這時該如何照顧？

同居後，請先觀察一段時間，看看牠們是否會打架。如果會打架的話，請將牠們移動到其他場所。將籠子放在稍暗的地方，可以提高成功率。

②發情・交尾

雄鳥一發情，就會出現張開肩膀等的求愛行為。當雌鳥出現提起尾羽的接納姿勢後，雄鳥就會乘坐到雌鳥背上，進行交尾。不久後，如果雌鳥一直在巢箱裡不出來，就是開始產卵的信號。

這時該如何照顧？

照顧方法和平常相同，一方面要給予促使發情的高熱量．高蛋白的食餌。最好要先確認巢箱上是否有充分的空間。

③產卵

最初的交尾結束後，如果約有一個禮拜的時間雌鳥一直待在巢箱中時，就是產卵、抱卵的信號。如果雌鳥排出了比較大的糞便，就可以認為是開始抱卵了。鸚鵡一次築巢約會產下5～6顆卵。

這時該如何照顧？

產卵時必須攝取充分的營養。請給予可攝取到鈣質的牡蠣粉和蔬菜、高熱量．高蛋白的食餌等。清掃的重點在於要儘快完成。

④抱卵

抱卵時，主要是由雄鳥將食餌運送到巢箱裡。這個時候，可以看到雄鳥為了守護家人而看守著巢箱、在巢箱前警戒等的行為。另外，依鸚鵡的種類而異，抱卵的狀況也會有所不同，期間長短也有差異。

這時該如何照顧？

最好不時檢視巢箱的樣子，以釐清是什麼時候產卵的？是否在抱卵了？等等。只不過，不能頻繁地窺視。還有，別忘了抱卵時要回復到平常的食餌。

⑤孵化

抱卵後17～23天左右，卵就會開始孵化，應該可以逐漸聽到雛鳥可愛的叫聲了。親鳥會依孵化的順序，拚命地餵食雛鳥。其中也可能有不會孵化的卵。

這時該如何照顧？

這個時候請靜靜地守護雛鳥的狀況，並且要注意巢箱的糞便狀態，重點是要默默地進行。開始孵化後，就必須給親鳥吃營養價值高的食餌。

⑥育雛

剛出生的雛鳥，特徵是全身赤裸，眼睛也還沒有張開。出生約 1 個禮拜後，眼睛才會開始睜開；過了 2 個禮拜，身體就會長出產毛；出生後約經過3週，羽毛的顏色就會變得鮮豔。

這時該如何照顧？

這是親鳥養育雛鳥的重要時期。請充分給予親鳥營養價值高的食餌。出生後約35天～50天，雛鳥就會離巢。如果想讓牠成為手乘鳥，請在這個時期進行餵餌。

COLUMN 3

鸚鵡的水浴和日光浴

為什麼要做水浴呢?

水浴有清潔身體和整理羽毛的作用。虎皮鸚鵡和雞尾鸚鵡在野生狀態下，具有以附著在樹葉上的朝露來沐浴的習性。另外像是桃面愛情鳥或牡丹鸚鵡等愛情鳥，因為棲息在有雨季的地方，會用驟雨來進行水浴。因為這些習性而喜歡水浴的鸚鵡，只要為牠準備水浴用的容器並裝好水，牠自己就會去享受水浴的樂趣了。

我家的鸚鵡不做水浴，沒有關係吧？

依個體和種類，本來就有喜歡水浴的鸚鵡和不喜歡水浴的鸚鵡。不需要因為鸚鵡不做水浴而勉強讓牠做。不過，有時也可能只是因為牠不喜歡進入水中，所以可以將稻草束等浸水後設置在籠子裡，有些鸚鵡就會藉此進行露水浴。另外，有些鸚鵡則是喜歡飼主用噴霧器等幫牠噴水，不妨試試看。除此之外，也可以嘗試各種方法，例如將盤子之類較淺的容器做為小鳥浴盆等。

日光浴有什麼效果和注意事項?

只要進行日光浴，曬曬太陽，鸚鵡就會在體內合成維生素D_3。維生素D_3可以促進鈣質的吸收，因此一缺乏就可能會讓健康出問題。此外，感覺自然的空氣，眺望景色，也有紓解心情的效果。可將籠子放置在明亮的日陰處等進行日光浴，絕對不能放置在曬到直射陽光的地方。由於可能會造成中暑，因此必須注意溫度管理。

第4章

鸚鵡的飲食

飲食習慣和食餌的選擇方法

飲食生活的管理可以創造鸚鵡健康的身體。了解豐富的食餌種類和營養成分的不同，均衡地給予吧！

避免偏頗的飲食生活，均衡地攝取

想要創造健康的身體，能夠均衡攝取的飲食生活是必不可缺的。對鸚鵡而言的均衡飲食，就是能夠攝取到蛋白質、脂質、碳水化合物這3大營養素，以及各種維生素和礦物質。近來，比起種籽，似乎有很多動物醫院都建議使用營養價值高的顆粒飼料來飼養。偏頗的飲食生活和餵食人類食物等行為都是禁止的。

除了做為主食的種籽或顆粒飼料之外，最好也讓牠攝取牡蠣粉或墨魚骨等含鈣飼料和蔬菜。要讓鸚鵡吃得高興，請給牠富有變化的食物。

MEMO

一天必需的熱量

體重在100g以下的小型鸚鵡

一天必需的熱量如下表所示。表內的「維持代謝量」是指維持生命必需的最低限度基礎代謝，再加上活動所需熱量的數值。尤其是雛鳥，需要成鳥2～3倍的熱量。不過，過度的熱量攝取會帶來肥胖。請參考下表，注意鸚鵡的健康維持。飼料包裝袋上有標示〇〇g＝△△卡時，請參考該標示做計算。

體重	成鳥的維持代謝量	雛鳥的維持代謝量
40g	14.4kcal	28.8kcal
50g	17.1kcal	34.1kcal
60g	19.5kcal	39.1kcal
70g	21.9kcal	43.9kcal
80g	24.3kcal	48.5kcal
90g	26.5kcal	53.0kcal
100g	28.7kcal	57.3kcal

每天在固定時刻給予食餌和飲水是基本

飲食請遵從鸚鵡規律的習性，注意每天在固定的時刻給予。如此一來，可以讓生活節奏正常，帶來健康。只是，當飼主外出時，就要預先多補充食餌。

準備飲食的時候，建議在補給飼料前先換水。這是為了避免讓鸚鵡喝到髒水。此外，也別忘記每次都要充分洗淨飲水盒。重點是要以熱水進行消毒等，將黏垢徹底清除。

基本上要每天早上換水一次。可以的話，也可以早晚各換水一次。尤其是夏天時更要注意。請勤加檢查，在沒水前就要補充。食餌方面，就算沒吃完，也要每次全部更新，在衛生管理上多加注意。

一定要記住

飲食和給水的重點

1 飲水盒的洗淨·消毒

每次都要確實地澆淋熱水洗淨、消毒。黏垢也要清除乾淨，保持清潔。

2 每天早上換一次水，可以的話就早晚各一次

基本上換水是每天早上一次。夏天時，最好每天更換2～3次。

3 食餌全部更新以確保安全

吃剩的食餌萬一腐敗了就有危險。還是全部換掉，補充新鮮的食餌吧！

4 外出時要補充較多的飼料

小型鸚鵡超過半天以上不吃東西是不行的。外出時，要先補充好較多的飼料。

CHECK

從上方觀察是否肥胖

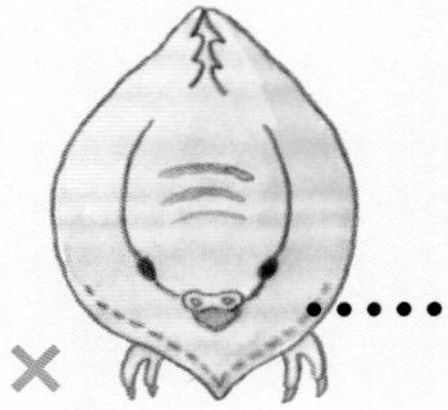

龍骨突

稍瘦

位在胸部周圍的中心骨骼「龍骨突」呈三角形般突出。

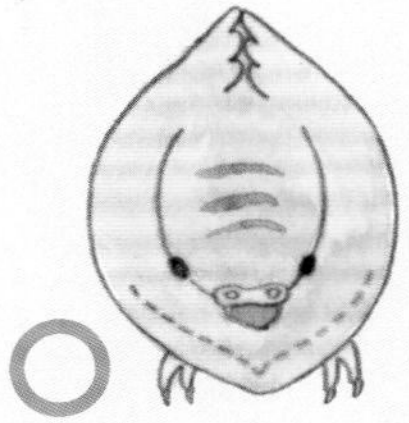

標準

龍骨突的突出小，整體上呈船底形。

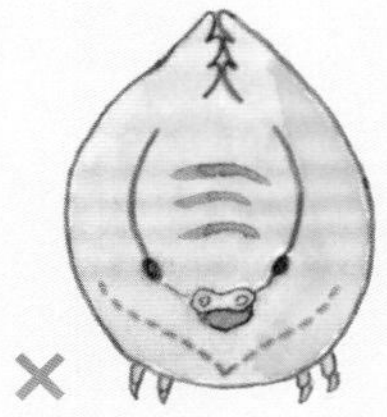

肥胖

很難看出龍骨突的突出，整體上呈圓弧形。

主食（種籽・顆粒飼料）

以做為主食的種籽和顆粒飼料為主，組合各種不同的食餌，就是對鸚鵡而言的理想飲食。

種籽＋顆粒飼料就是通往優質飲食生活的第一步

鸚鵡的主食有種籽和顆粒飼料2種。種籽是最接近自然食物的狀態，包含稗子、小米、黍子、加那利籽在內，有各種不同的種類，也可以依季節來改變內容。

顆粒飼料是針對不同目的和鸚鵡的種別，以不同的成分內容組成的完全營養食品。可依需要取得所需營養的顆粒飼料，也有各式各樣能配合身體狀況的種類。

對鸚鵡來說，同時給予這2種主食是最理想的做法。另外，因為是主食，所以請儘量給予優質的產品吧！

MEMO

可依季節改變食餌的內容

如果是已經成年的親鳥，基本上要在寒冷時期給予高熱量的食餌，3月左右到秋天則要注意減少熱量。只要配合季節稍微改變食餌內容即可，不需要大幅度地進行更換。請算好一天的熱量，冬天時稍微多給一些大麻籽、葵瓜子、燕麥等高熱量的食餌吧！

帶殼種籽和去殼種籽

兩者的差異在於，帶殼種籽的營養均衡較高，去殼種籽則能輕易看出食餌減少的情形。仔細想想兩者的特徵，配合鸚鵡的喜愛和狀況，善加分別使用吧！

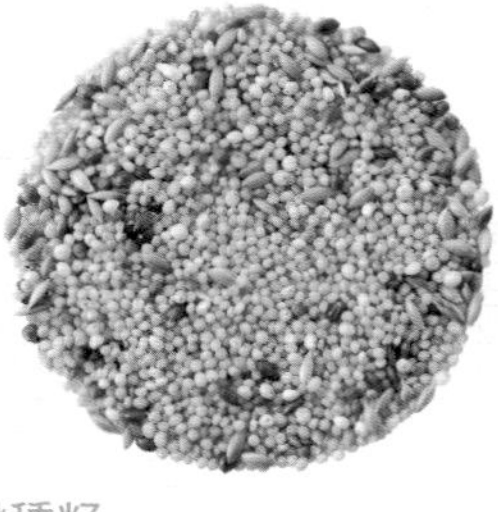

帶殼種籽

可以攝取到維生素等，營養價值很高。可以一邊享受剝殼的樂趣一邊食用，對於消除壓力也有幫助。

去殼種籽

能有效防止籠子周圍弄髒。和帶殼的種籽比起來，營養價值稍低。

種類豐富的種籽是鸚鵡的最愛

一般的種籽是指由稗子、小米、黍子、加那利籽等4種混合而成的混合種籽。也可以依鸚鵡的品種和健康狀態，在混合種籽中加入小麥或燕麥、蕎麥等，考量飲食均衡地給予。

鸚鵡喜歡蛋白質和脂質較為豐富的飼料，因此會有只愛吃加那利籽的傾向。此外，混有葵瓜子或松子等的混合種籽類，因為熱量較高，建議對肥胖個體要節制給予。

種籽有帶殼和去殼的2種。基本上要給予營養價值高、有紓解壓力效果的帶殼種籽。如果是無法自行剝殼的鸚鵡，則要給予去殼種籽。只不過，因為營養價值較低，所以必須注意副食的均衡。

各種不同種類的種籽

種籽有許多種類。請配合鸚鵡的品種和個體狀態，調整比例地給予吧！

小米

含有蛋白質、維生素B_1和鈣質。想促進食慾時，可以給予紅小米。

稗子

最健康、含有鈣質等營養的種籽。如果有肥胖的情況，可以稍微多給一點。

混合種籽

通常是以混合稗子、小米、黍子、加那利籽等的狀態進行販賣。

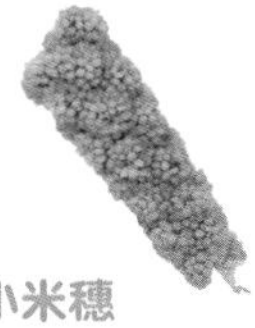

小米穗

整穗的小米，可以邊吃邊玩。增進食慾的效果也很大。

加那利籽

脂質比其他種籽多，蛋白質也很豐富。

黍子

脂質和鈣質比其他種籽少，熱量也低。特徵是顆粒比較大一點。

小麥

蛋白質含量比其他種籽多。質地較硬，適合中型鸚鵡。

燕麥

鈣質和蛋白質豐富，不過脂質較高，必須注意。

蕎麥

含有優質的蛋白質和鈣質，脂質低所以較健康。

一定要記住

種籽的給予重點！！

1 **選擇種籽的種類**

帶殼或去殼等，請配合健康狀態和用途來進行挑選。

2 **注意口味濃厚的飼料**

鸚鵡是美食家。一旦只挑口味濃厚的飼料吃，就會造成肥胖。

3 **利用副食取得均衡**

種籽是鸚鵡的米飯。和各種副食間的均衡也很重要。

富含必需營養的顆粒飼料

顆粒飼料是考慮到鸚鵡必需的營養，由人工製造的完全營養食品。能夠攝取到只吃種籽時容易不足的必須胺基酸和維生素、礦物質等，可以說是優質食餌。

顆粒飼料也有許多種類，依鸚鵡的品種和目的，成分內容也不相同。因此，請記住萬一誤給不適當的飼料，很可能會導致內臟疾病。

依製造廠商和種類的不同，顆粒飼料在味道上也有很大的差異。為了避免挑食，最好先讓牠習慣複數口味。

一定要記住

關於食餌的小知識

1 選擇適當的食餌

依目的和鸚鵡的種別而異，有各式各樣的種類，請選擇適合鸚鵡的商品。

2 從種籽進行更換

從種籽進行更換是個問題。重點是要多用點心思，讓鸚鵡容易食用。

3 給予吃的樂趣

老是同樣的形狀、顏色，鸚鵡也會覺得無趣。可以加入蔬菜等，增添進食的樂趣。

4 讓鸚鵡習慣複數口味

不同廠商的口味也不一樣。不妨讓牠吃吃看各家廠商的製品。

5 儘早使用完畢

不要買起來囤放，要趁新鮮時使用完畢。最好使用密閉容器保存於冰箱。

MEMO

從種籽更換成顆粒飼料

雖然是營養滿分的顆粒飼料，但是對已經習慣吃種籽的鸚鵡來說，要進行更換卻是相當的困難。儘量從雛鳥的時候起，就給予顆粒飼料吧！成鳥後才進行更換的話，需要花費相當的時間。總之，讓牠習慣顆粒飼料是很重要的。可以先將顆粒飼料磨成粉狀後，撒在種籽上面。

前2～3天：在種籽中混入顆粒飼料粉和細碎的顆粒飼料後給予。此外，也可以混合鸚鵡喜歡的糖分，或是用手親自餵食等。

約1個月間：逐漸增加顆粒飼料，減少種籽的分量。建議持續這樣做，到最後僅給予顆粒飼料。大致上就是用這樣的方法進行更換，絕對不可以強行變更。

必須記住的問題點

鸚鵡的營養學尚未發達，因此還有好幾個問題點。舉例來說，如果每天只吃一種食餌，可能會造成營養偏頗，帶來危險；或是因為飼料的形狀和顏色完全相同，而造成失去「吃的樂趣」。遇到這種情況時，解決方法有：混合各家廠商各種不同大小的飼料，或是在整體食餌量中考量均衡性，給予營養且顏色和種類豐富的顆粒飼料等，多費點心思來想辦法。顆粒飼料往往給人比種籽高價的印象，事實上絕非如此。另外，顆粒飼料所含的維生素雖然會一天一天劣化，但是與維生素劑等輔助食品並用時還是要注意，若是和營養豐富的顆粒飼料一起餵食的話，很可能會造成過度攝取。

配合身體狀況給予的顆粒飼料

種類依不同症狀而異。
請在獸醫師的指導下正確地給予。

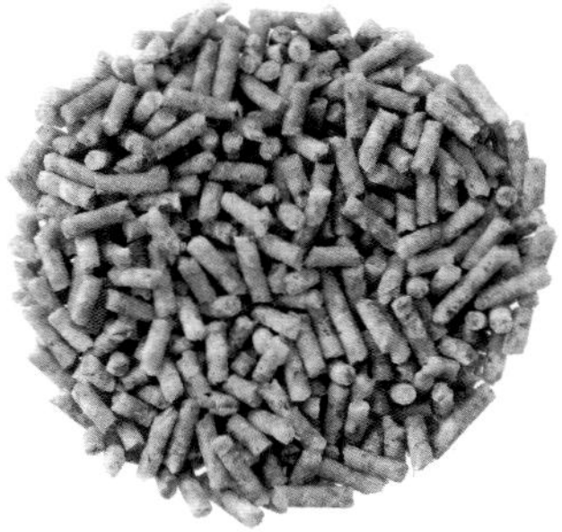

減肥食品

特點是脂肪低、蛋白質高。

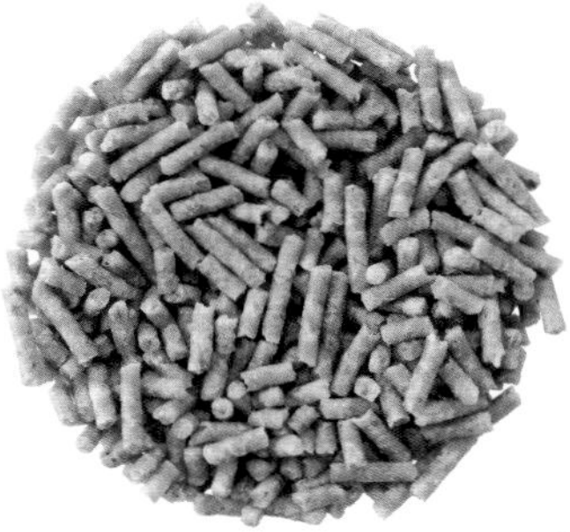

高熱量型

高脂肪、高蛋白質，建議在換羽時給予。

代表性廠商的顆粒飼料

顆粒飼料的種類遠多於這些。
請選擇適合鸚鵡的類型吧！

Exact 彩虹

KAYTEE

營養成分針對鳥種而異。纖維質比他家廠商更多。其他也有各種顆粒飼料。

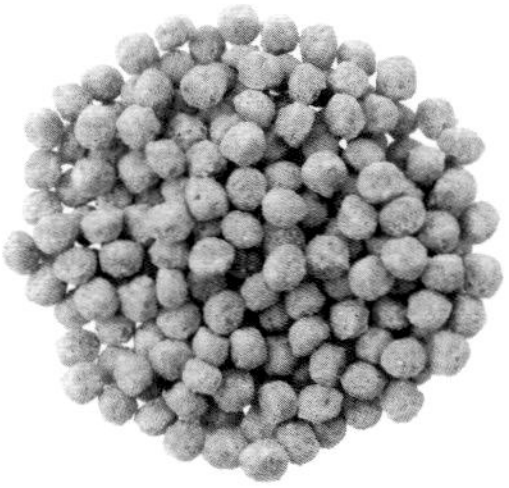

Natural WITH ADDED VITAMINS ＆ MINERALS

綜合水果口味

ZuPreem

有許多鸚鵡喜愛的口味，成分均衡也是其魅力之一。其他也有各種顆粒飼料。

副食（蔬菜・果實）

對於以種籽做為主食的鸚鵡來說，副食在補充營養上是非常重要的。也可以做為飲食生活的樂趣來給予。

用蔬菜充實鸚鵡的飲食生活

除了主食之外，也可以給予能夠補充維生素、礦物質類的黃綠色蔬菜做為副食。給予一般的油菜或青花菜、青江菜等各種蔬菜，重點是不可偏頗。不過，白菜或高麗菜等淡色蔬菜可能會造成下痢，請注意。

給予蔬菜之前，必須充分清洗。理想的做法是盡可能每天都給予青菜類。請每天變化，給予各種不同的青菜類。將根菜類切成圓片狀或塊狀地給予變化，可以讓鸚鵡吃得更有樂趣。

建議的蔬菜

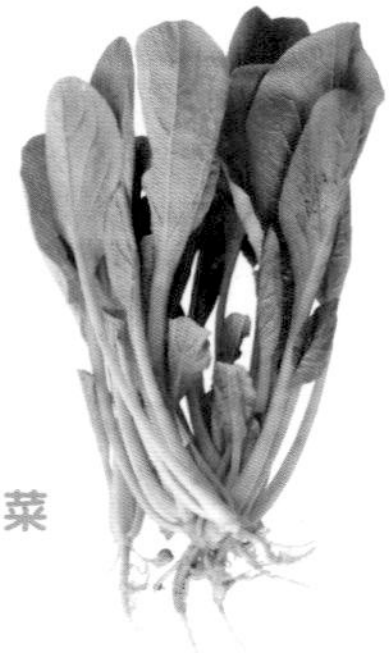
油菜

青江菜

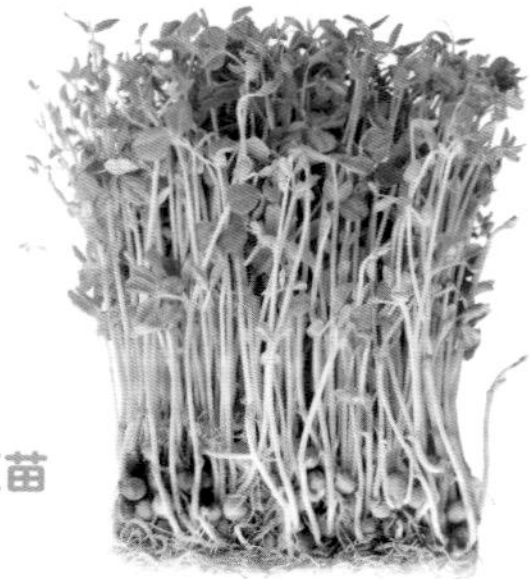
豆苗

青花菜

其他的蔬菜和水果

鸚鵡也會吃繁縷和南瓜等。青菜可給予生鮮的，或是汆燙過後切細給予。
也請偶爾給予柳橙或香蕉、蘋果等水果。

創造鸚鵡健康身體的重要營養來源

想要讓鸚鵡的飲食生活更健康、更有趣，請用各種食餌來補給不足的營養成分。

例如，繁縷或苜蓿草、薺菜等野草也很不錯。有些鸚鵡可能不吃，但其實鸚鵡的習性是接近自然的食物牠們都愛吃。不過，像垂榕等觀葉植物或盆栽的花等，有些鸚鵡吃了會有危險。請充分注意。

另外，做為營養補充食品，還有強化骨骼或是補充產卵時等所需鈣質或礦物質的含鈣飼料。一般是以牡蠣粉或墨魚骨等天然產品為主流。另外，最好配合種籽食餌給予的鹽土，可以補充必需的鹽分，所以一星期給予2～3次就可以了。給予副食品時，為了避免過度攝取，選擇優質產品是最重要的。

Q 不吃蔬菜時該怎麼辦？

A 要克服討厭蔬菜的問題，由人在鸚鵡面前裝出好像很好吃的樣子頗為有效。另外，花點工夫撕開後給予之類也是必要的。經過幾次後，鸚鵡應該就會吃了。

一定要記住

副食的給予重點！！

1 給予各種蔬菜

考慮到營養均衡，請給予種類豐富的蔬菜和水果等。

2 給予安全的含鈣飼料

請選擇沒有添加色素和香料的天然產品。

3 注意鹽土不可過度給予！

攝取過度的鹽分是不行的。一個星期約給予2～3次就足夠了。

含鈣飼料

可以形成骨骼的鈣質對於要進行產卵的雌鳥是必需的。請充分水洗後再給予。

自然派宣言 白牡蠣300g ￥220／Compamal上野店

給予方法

牡蠣粉容易吸濕氣，如果出現霉味的話，請用水清洗數次後，攤在陽光下曬乾，並用微波爐加熱過後再餵食。請確實冷卻後再給予。

鹽土

可補充將胃中儲存食物磨碎的「胃石」，也可以用來攝取礦物質。

給予方法

市售商品一定要用微波爐加熱4～5分鐘，殺菌、冷卻後再使用。找不到優質的鹽土時，請將顆粒飼料磨成粉撒在種籽上，以補充鹽分。

零食（營養補充食品）

鸚鵡最喜歡一邊享受剝殼、弄碎、啄咬的樂趣，一邊進食了。請給予零食，為飲食生活增加充實感吧！

最適合用於交流的零食是不可或缺的

和人類一樣，鸚鵡也非常喜歡吃零食。給予牠喜愛的零食，不但可讓飲食生活變得愉快，甚至因為是從手上直接給予，也能有效提高和人之間的交流。只要善加利用零食，也可以進行上手的練習並且教牠說話。

只是，禁止給予過多的零食。鸚鵡對高脂肪、高熱量的食餌特別有興趣。這類零食萬一給得過多會導致肥胖和過度發情。就算鸚鵡想要，還是要注意給予的分量。

各種零食

可配合鸚鵡的喜愛和健康狀態，變換零食的種類等，靈活地運用吧！

市面販售的零食

塊狀零食

用糖質將種籽類凝固成塊的零食。最適合做為特別時刻的獎賞。

樹木的果實

去殼核桃或是混合堅果等樹木的果實類，可以讓鸚鵡吃得開心。

混合種籽零食

由基本的混合種籽和零食種籽混合而成的五顏六色的零食。

乾燥水果

蘋果或芒果等水果乾。由於糖分高，如果是小型鸚鵡，必須注意不可過度給予。

含油種籽

富含脂肪成分的葵瓜子、大麻籽、紅花籽等。吃太多會變得肥胖，所以請取少量，用手直接給予。

南瓜子

葵瓜子

Q 注意不可過度給予

A 給予零食和副食、營養補充食品時，必須注意營養成分的過度攝取。請確實計算飲食方面的營養後，再給予所需的分量。其他像是觀察鸚鵡的身體狀況、注意改變種類等也很重要。

Q 鸚鵡會挑食嗎？

A 鸚鵡的味覺和嗅覺很發達，所以非常挑剔。因此，牠們對新的食餌是心懷警戒的。雖然也有個體差異，但是為了維持健康，還是努力減少牠的挑食吧！

Q 營養補充食品是必需的嗎？

A 營養補充食品的種類豐富，要注意過度攝取的問題，最重要的是只要給予真正所需的量即可。歐美廠商製造的可能不太適合日本的氣候，所以保存上請多加注意。

Q 什麼時候該給予維他命？

A 當鸚鵡不吃顆粒飼料或蔬菜時，就要視情況加入維他命看看。當然，要選擇小鳥專用的。也要檢查是否有清楚標明成分和含量等。

一定要記住

零食的給予重點！！

1 **給予所需的分量**
因為大多是高熱量、高脂肪的東西，所以需注意身體狀況。

2 **靈活利用**
零食最好偶爾才給予。不妨做為獎賞品使用。

3 **利用零食互相接觸**
使用在與人的交流上非常有效。請一邊跟牠玩地直接用手給予。

維他命

有脂溶性和水溶性的維他命，請配合鳥的身體狀況和健康狀態來給予。照片是換羽期的維他命。MOULTING AID ￥1600/ Compamal 上野店

碘

用來補充不足的碘。缺碘可能會出現甲狀腺腫等疾病。

生菌製劑、乳酸菌製劑

可以增加腸內的好菌，調整腸內狀態。請定期給予來維持健康。

不可給予的食物

有些植物和食物，鸚鵡吃了會有危險。能夠守護鸚鵡的只有飼主而已，一定要具備正確的知識才行。

人類的食物美味卻充滿了危險

　喜歡人的鸚鵡最喜歡模仿人了。因此，牠也會想要吃吃看人吃的東西。不過請記住，高熱量、高脂肪的食物對鸚鵡來說是劇毒，當然也會成為各種疾病的原因。

　飼主常常不自覺就給予的麵包或米飯，會導致「嗉囊炎」的疾病。此外，在鸚鵡可以吃的蔬菜或水果中，也潛藏著危險。如果不先具備這方面的知識，任意餵食的話，可能會讓鸚鵡發生嚴重的疾病，請充分注意。

MEMO

吃了會有危險的植物

雖然野草可以當作自然食品來給予，但其實裡面也有不可食用的植物。請特別注意筆頭菜或鉤柱毛茛、澤漆等身邊的毒草。在採集前，別忘了先用圖鑑等進行確認。除此之外，放在家中的垂榕等觀葉植物，或是牽牛花、鈴蘭、聖誕紅等盆栽花卉等，也都是鸚鵡吃到會有危險的植物，請注意。

給予高糖分的食物必須注意

人類平時常吃的蛋糕或巧克力等零食類，對鸚鵡來說當然是高熱量食品。其實，除了人類的食物之外，在鸚鵡的食餌中也有富含糖分的東西。這些食物對鸚鵡來說也都是最愛。少量給予並沒關係，不過給太多就會造成肥胖，所以請僅在獎賞的時候少量給予。要和鸚鵡長久快樂地生活，飲食生活的改善是必需的。

高脂肪的食物也要注意

身為美食家的鸚鵡最喜歡高脂肪的食物了。一給牠牠就很高興，但是為了看到牠開心的表情而給得太多，就會成為肥胖或過度發情的原因。相反地，高脂肪的食物在冬天等寒冷時期卻很建議給予。還有，要建立人與鸚鵡之間的關係時，或是牠生病沒有食慾時、想要人鳥產生共鳴時等等，都可以給予高脂肪的食物。不妨在生活中善加利用，建立友好的關係吧！

不可給予的食物

水果

水果中也有有害的種類。花一點工夫，將有毒的部分去除後再給予吧！

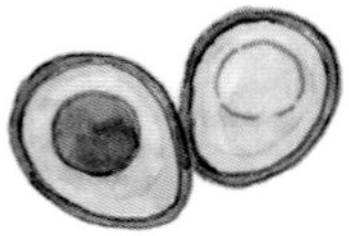

酪梨

對鳥類而言有劇毒。對心臟和肝臟都有危害，可能導致死亡。

蘋果的種籽

曾經有過因誤食而引起食道阻塞的例子。

草莓種籽

給予草莓時，請將種籽全部去除。

蔬菜

某些蔬菜吃了可能會生病。請充分注意。

菠菜

所含的成分會妨礙鈣質的吸收。

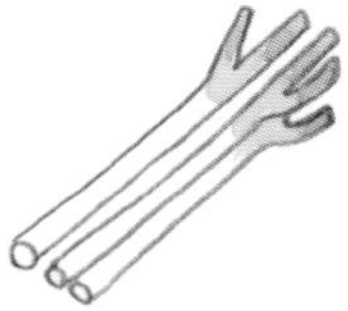

葱類

會引起中毒等，成為各種疾病的原因。

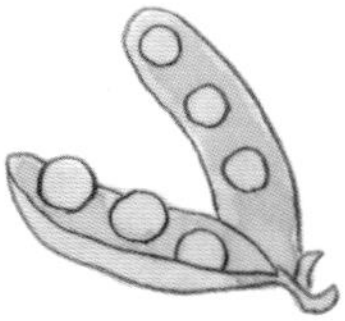

生鮮豆類

生鮮時有毒性，必須煮過後再給予。

人類的食物

造成疾病的原因之一。人類的食物雖然美味，卻不適合鸚鵡。

拉麵

調味過的食物會攝取到過多的熱量。

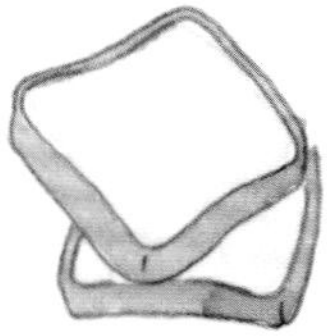

麵包

和白飯一樣會導致嗉囊炎。

白飯

含多量鹽分和糖分，很容易在不自覺中給予。

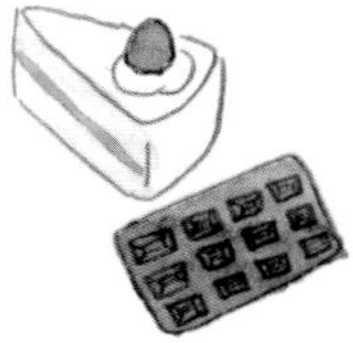

蛋糕・巧克力

是引發內臟疾病、嗉囊炎、生活習慣病的原因。

油炸零食

所含的鹽分、糖分和脂肪成分對鳥類來說過多了。

乳酪

無法順利消化，可能造成下痢或嘔吐。

食餌的保存方法

鸚鵡的食餌也要注意保存期限和製造日期。學習正確的保存方法，經常給予新鮮又美味的食餌吧！

裝入密閉容器中，別忘了要保存在冰箱裡！

種籽或顆粒飼料等市面販售的鸚鵡食餌，基本上都會記載保存期限和製造日期。不要大量購買囤積，重要的是經常購買新鮮的食餌。

此外，也別忘了開封後的種籽和顆粒飼料、零食類等，一定要裝入密閉容器中，並且一併放入乾燥劑，保存在陽光無法直射的地方。尤其是去殼的食餌和顆粒飼料容易腐壞，請保存在冰箱中。顆粒飼料或糖分高的零食容易發霉，所以開封後請分裝在塑膠袋中，於冰箱保存。

放入冰箱

夏天建議保存在冰箱中。因為容易發霉，所以從冰箱拿出來後，要先曬過太陽，待乾燥後再給予。

CHECK

食餌的保存檢查清單

- ☐ 保存期限沒問題嗎？
- ☐ 有沒有腐壞？
- ☐ 有沒有長蟲？
- ☐ 有沒有發霉？
- ☐ 有沒有放在陽光無法直射的地方？
- ☐ 有沒有用密閉容器保存？

鸚鵡的食餌 Q & A

Q 種籽有蟲跑出來，是不是該全部丟掉？

A 有蟲跑出來表示沒有使用農藥。只要把蟲子全部清除乾淨，鸚鵡就能安心食用。萬一有蟲子發生時，請用冰箱冷凍後加以去除，再充分乾燥。順帶一提，蟲子就算吃下肚也沒關係，只是大多數飼主都不喜歡這樣。

Q 種籽一定要先洗過嗎？

A 有人認為帶殼的混合種籽因為有農業污染等的顧慮，最好先用水洗過。其實，只要是在管理徹底的商店購買，是不需要清洗種籽的。如果用水洗過，可藉日曬等讓種籽完全乾燥，防止黴菌繁殖。如果是一般的種籽，就只要在想去除灰塵時用水清洗即可。這個時候的重點是要讓其充分乾燥。

Q 可以給予當季水果的種子嗎？

A 哈密瓜或西瓜等夏天當季的水果，除了果肉之外也富含水分，給予太多可能會造成下痢，不過也只有在這個時期才能享受西瓜或哈密瓜的種籽。可以水洗後用太陽曬乾，在應該還不會腐壞的2～3天內給予。此外，南瓜的種籽也可以吃，不過像桃子或蘋果等的種籽是有毒的，請注意不要給予。

Q 有日本製的顆粒飼料嗎？

A 目前並沒有日本製的，但美國製的顆粒飼料則有許多商品流通。不過，多數人認為日本生產的顆粒飼料比較讓人安心也是事實。

對雛鳥餵餌

由人類代替親鳥餵餌給雛鳥，在加深人與鸚鵡之間的關係上極為重要。進行餵餌，可以說是加深和伴侶鳥之間的親密關係的第一步。

什麼是可以加深人鳥之間的信賴關係的餵餌？

剛出生的雛鳥必須由親鳥親口餵食。不過，如果是寵物鳥，就可以由人來代替親鳥，進行「餵餌」。

以前說到餵餌，一般都只有蛋黃粟，不過，最近有越來越多人都會將營養均衡、稱為「FORMULA」的育雛用飼料粉和蛋黃粟一起混合來餵食。FORMULA大多是歐美製品，比蛋黃粟的營養價值還高，因此雛鳥常見的營養性腳弱病也大幅減少了。正因為如此，雛鳥的生存率才能有飛躍性的大幅成長。

MEMO

餵餌的特點和製作方法

	特點	製作方法
蛋黃粟	由於營養不夠充分，所以成長後可能容易出現疾病。	將去殼的小米乾炒，和蛋黃攪拌均勻後，放置在日陰處約半天的時間，讓其乾燥。
蛋黃粟+飼料粉	優點是營養均衡，建議用於雛鳥的餵餌。	混合蛋黃粟和飼料粉，用熱水溶開後給予。
飼料粉	綜合營養食類型的有足夠的營養。必須增加餵餌的次數。	加入約38度的熱水溶開，隔水加熱、保持溫度地給予。

準備的東西

去殼小米約300g、用來混合的蛋黃1顆、盤子1個

各種雛鳥食餌

粒狀

營養價值低，要與用熱水化開的飼料粉一起使用。

粉狀

有綜合營養食的類型和混合蛋黃粟等的類型2種。

對雛鳥餵餌時的注意點

為了雛鳥的成長，餵餌是非常重要的。餵餌本來就是代替親鳥親口餵食的行為，所以太涼的話雛鳥就不吃了。餵餌的溫度以38度為理想。一定要先溫暖手部，讓雛鳥覺得安穩地從背部將其包覆後，再進行餵餌。此時食物的溫度如果過高，會讓雛鳥低溫燙傷，可能成為精神上的後遺症而變得不肯吃東西，請充分注意。

此外，在餵餌前才開始製作新鮮食餌也很重要。剛開始不妨仿效繁殖專家或專賣店人員的做法。

請一邊觀察雛鳥的情況，謹慎、用心地餵餌。餵餌的次數可視雛鳥的食用情況和成長，逐漸進行調整。

餵餌的方法

使用湯匙

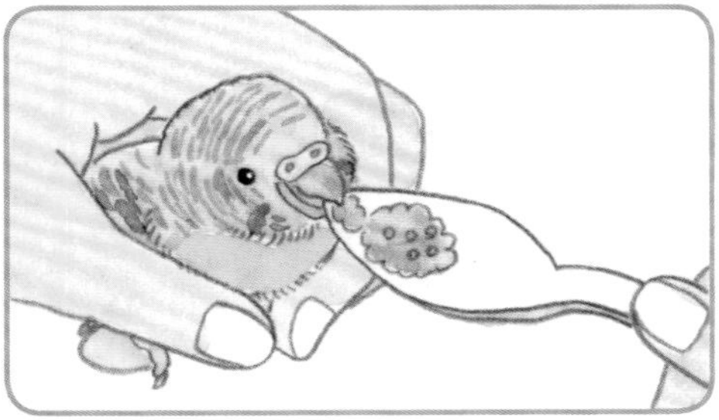

湯匙一靠近嘴巴，雛鳥就會自己吃。當牠張開嘴巴時，請將食餌放入下喙般地給予。

使用唧筒

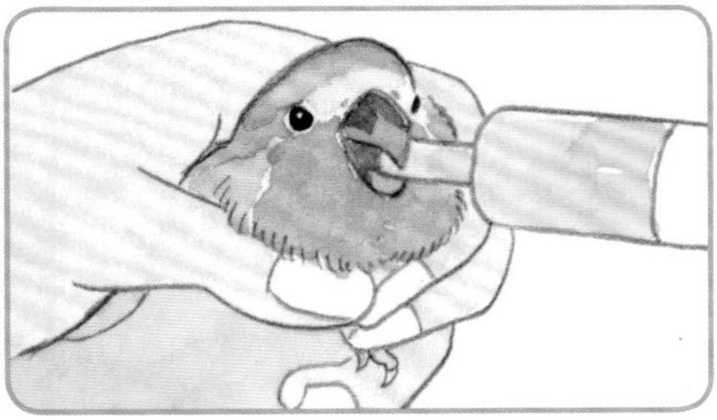

僅餵食溶解的飼料粉時，建議使用這個方法。像要注入下喙般地給予。

次數

如果是出生後約2～3個禮拜的雛鳥，一天大概要餵餌5～6次。請視雛鳥的身體情況做調整。

時機

在早上7點～晚上11點間給予。請先確認嗉囊是否已經清空，每隔3～4個鐘頭給予。

溫度

溫度以差不多微溫的38度為理想。若是超過40度，會有低溫燙傷的危險。

分量

依鸚鵡的品種而異，如果是小型鸚鵡，就餵到雛鳥不吃為止。想要培育伴侶鳥時，可以只餵八分飽以增加餵食次數。

餵餌器具

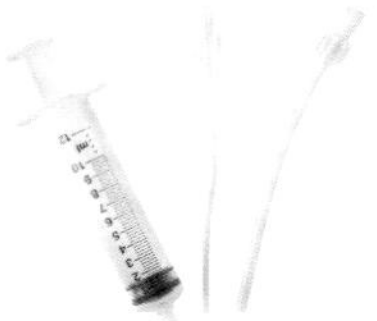

飼料粉專用唧筒　10cc　￥390／Compamal上野店

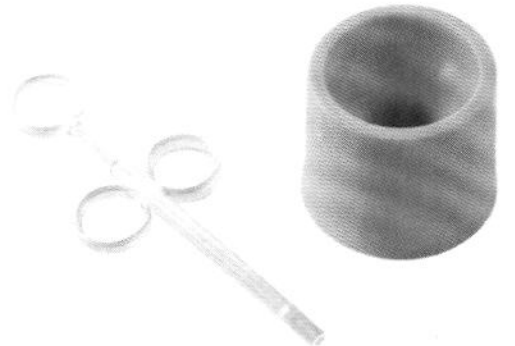

養父母器具組（附專用容器）￥190／DokidokiPetkun

從餵餌到自行進食

為了讓雛鳥逐漸成長，必須要讓牠能夠自己獨力進食。不要焦急，一邊讓鸚鵡樂在其中地練習自己吃東西吧！

從餵餌升級到獨自進食

對於逐漸成長的雛鳥來說，從人工餵餌轉換成自行進食是個大事件。飼主請一邊幫忙，一邊好好地守護牠吧！

此外，轉換成自行進食的時期也有個體差異，所以重點是不急躁地慢慢轉換。大致上，可以觀察體重的變化，在出生後30天左右就可以開始練習看看了。

對好奇心旺盛的鸚鵡來說，吃飯時間是很快樂的。雛鳥還不太會自己吃的時候，不妨將食餌撒在飼養容器的地板上等，讓牠邊吃邊玩，就更容易進食了。

MEMO

轉換成自行進食的方法

剛開始的重點是不改變餵餌次數，混合成鳥用的食餌，一點一點地讓牠習慣。同時，將乾燥的食餌和飼料粉裝入小盤子裡，放著讓牠能自由食用。此時，飼養容器的底部也可以放置帶殼的混合種籽和顆粒飼料、切細的蔬菜等。如果雛鳥會吃這些食餌，就逐漸減少餵餌的次數。只要調整餵餌的量，牠自己就能吃得很好。當餵餌變成一天2次左右時，就要設置飲水。

轉換時的食餌

轉換成自行進食時，所給予的食餌種類也非常重要。首先是虎皮鸚鵡等小型鸚鵡，建議在帶殼的混合種籽中混入磨碎的顆粒飼料、小米穗、牡蠣粉、細切的油菜等等；如果是愛情鳥或雞尾鸚鵡等小～中型的鸚鵡，可以給予帶殼種籽、顆粒飼料、小米穗、牡蠣粉、大麻籽、葵瓜子、細切的油菜等高蛋白質、高脂肪的食餌。要放置在飼養容器底部時，請先鋪上廚房紙巾等。

轉換的時機

請記住，從餵餌轉換到自行進食的時期是有個體差異的。以時機來說，最好是在雛鳥出生後約25～30天時。出生後30天左右羽毛也長齊，開始有鸚鵡的樣子了，所以可試著在這個時期開始練習。不過就算開始練習，還是可能會不太習慣自己進食，所以是無法僅以出生日數來掌握的。尤其是在寒冷時期，要花較多的時間進行轉換，所以請不要焦急，有耐性地持續練習吧！

讓鸚鵡習慣自己進食的方法

採用正確的方法，開始練習讓牠自己進食吧！重點是要有耐心。

1 飼養容器的移動

如果雛鳥原本是待在草窩或是塑膠籠等看不到內部的容器中，就要將牠移動到容易觀察的透明塑膠箱裡。

2 食餌的設置

在飼養容器的底部和小盤子上，鋪放轉換成自己進食用的食餌。此時還不能減少餵餌的次數。

3 減少餵餌

確認雛鳥是否有吃放置的食餌後，就要練習減少餵餌次數。可用餵餌的量來做調整，讓鸚鵡學著自己進食。

4 設置棲木

做為獨立的步驟之一，也要開始進行停在棲木上的練習。在食餌容器上設置寬度適合的棲木。

5 變成自己進食

等雛鳥會自己吃食餌時，就要逐漸減少餵餌的次數。當變成一天約2次時，就要設置飲水，接下來只要等牠完全轉換成自己進食即可。

COLUMN 4

關於鸚鵡的Q&A

鸚鵡的歷史為何？

鳥類成為寵物受到寵愛是從古希臘時代開始的。在羅馬時代，似乎就已經有人會教鸚鵡説話之類的才藝了。而現在在寵物店等販賣的虎皮鸚鵡，則是由原本棲息在澳洲的野生虎皮鸚鵡改良的品種。順帶一提的是，據説虎皮鸚鵡的歷史久遠，19世紀時就已經在德國繁殖成功了，日本則是在明治時代末期開始進口的。

鸚鵡的腦袋真的越大越聰明嗎？

和必須處理大量情報的人腦不同，據説鳥類的腦部沒有皺摺，是非常原始的。雖説如此，並不代表牠的腦筋不好，因為牠也能好好處理複雜的情報。原因就在於大腦的內部有神經核，而位於神經核的神經細胞會學習聲音等等。神經細胞越是學習，就越具有能夠學習眾多情報的能力，所以鸚鵡才能夠記住語言、學習説話，或是一邊和飼主交流一邊遊戲。

鸚鵡的疾病會傳染給人嗎？

有些人對「鸚鵡熱」之類的名稱有刻板印象，認為飼養鸚鵡就會讓人生病。實際上，雖然有些疾病是會傳染給人的，但也不是飼養鸚鵡就一定會生病。只要衛生地飼養健康的鸚鵡，就不需要特別把它當成問題。不過，有些疾病還是會傳染給人。例如鸚鵡熱這種由鸚鵡熱披衣菌所導致的疾病，不管是人是鳥都可能會被傳染。當被罹患此病的鳥咬到或是用嘴餵食的話，人就會被傳染，而出現類似流行性感冒的症狀。

第5章 和鸚鵡的接觸

必要的遊戲和接觸

在和鸚鵡共度的日子中，遊戲的時間是最快樂的。請注意安全，在不勉強的範圍內度過充實愉快的時光吧！

要度過充實的每一天，遊戲是必要的

對於被飼養的鸚鵡來說，遊戲時間在謀求精神安定上是非常重要的。空閒時間越多的鸚鵡，越有可能發生問題行為。想要預防問題行為，需要的就是「ENRICHMENT（豐富化）」。

所謂的「豐富化」，就是為動物提供如野生環境般忙碌的時間，帶來幸福。請在日常生活中導入適當難度的遊戲，為鸚鵡製造邊思考邊遊戲的時間吧！此時的重點在於如何度過這親密的時光。就算時間並不長，但只要度過的是節奏緊湊、張力十足的時間，鸚鵡也能得到滿足。

在籠子裡也能玩的簡單遊戲

「玩個遊戲還要特地放牠出籠，每次玩都要大費周章！」——或許有些人會這麼想，但其實在和鸚鵡一起玩的遊戲中，也有很多是在籠子裡就能輕鬆玩的遊戲。

模仿動作

鸚鵡心情愉快的時候，會稍微浮起翅膀、左搖右晃地跳舞。當鸚鵡出現這種動作的時候，飼主不妨試著一邊哼歌，一邊和牠一起跳舞。彼此做出同樣的動作，是鸚鵡和飼主都能享受樂趣的遊戲。

猜聲音遊戲

遊戲很簡單，是對於尚未建立深厚關係的鸚鵡來說也能享有樂趣的遊戲。例如，在桌子敲出咚咚的聲音後問牠：「這是什麼聲音？」可試著使用各種不同的聲音，反覆進行這個遊戲。

模仿叫聲

這是只要鸚鵡一開始「吱、吱、吱」地發出叫聲，飼主就在旁邊模仿相同聲音的簡單遊戲。對於最喜歡「一起做」的鸚鵡來說，共同發出同樣的聲音在加深關係上是很有效的。

遊戲的時候也要認真地面對鸚鵡

即便是人類在玩遊戲時，應該也不喜歡對手是用馬虎隨便的心態吧！鸚鵡也一樣，不喜歡飼主「一邊看電視」、「一邊讀書」之類的「一邊陪自己玩遊戲」。鸚鵡會誤以為自己不受重視，於是可能就會不想和人玩遊戲，出現啄羽等問題行為。和鸚鵡玩的時候，請注意要經常認真地面對牠，全心全意地陪牠玩。

另外，最喜歡玩遊戲的鸚鵡，想玩遊戲時也可能會自己主動表示。如果看到牠在籠子前做踏步之類的動作，就請儘量逗牠玩吧！

遊戲有各式各樣的種類。從使用球或逗貓棒等玩具，到模仿人的動作和言語等，多用點心思在遊戲方法上，藉由彼此都能樂在其中的遊戲來培養關係吧！

隔著籠子，可以互相接觸一邊進行的各種遊戲

如果是手乘鸚鵡，請讓牠每天從籠子裡出來玩。不過長時間在籠子外面，也會成為意外發生的原因，所以請注意安全地進行遊戲。絕對不能一直讓牠待在外面。

階梯遊戲

讓鸚鵡站在手指上，左右手指輪流提高，讓鸚鵡換乘的遊戲。也可以做為教養的訓練，不過硬是要牠一直做，鸚鵡可能會不喜歡。大約反覆進行5次後，就要稱讚牠。

追手指遊戲

用食指和中指像是走路般，和鸚鵡玩追趕遊戲。此時的重點在於要配合鸚鵡的速度。不至於讓鸚鵡感到厭煩地做出阻擋或妨礙，或是一邊唱歌一邊和牠玩，鸚鵡也會很快樂。

各種遊戲方法

和鸚鵡快樂遊戲的要領，在於建立友好的關係。從親近人手的練習開始，逐漸加深彼此的信賴關係吧！

從可愛的手乘鸚鵡開始

想要和鸚鵡一起玩，必須先經過幾個階段。為了讓牠習慣人的手，先來進行成為手乘鸚鵡的練習吧！

若是雛鳥就要幫牠餵餌，若是成鳥則給予零食，或是從鳥籠外面撫摸牠開始。不要焦急，慢慢縮短距離後，只要練習讓牠可以在籠子外面玩遊戲，通往手乘鸚鵡的道路應該就不遠了。請像這樣慢慢地花時間，彼此熟悉之後再來玩遊戲。勉強要牠玩，鸚鵡反而可能會將內心封閉起來，請注意。

MEMO

遊戲前先讓牠熟悉你的手

最重要的是讓牠熟悉你的手。剛開始時，以溫和的聲音從稍遠處對牠說話，接著走近籠子，用玩具或零食吸引牠的注意。等牠不再害怕你的手後，再來尋求和鸚鵡的接觸。

進行手乘訓練

要領1 放牠出籠

從籠子外面以溫柔的聲音呼喚裡面的鸚鵡。把牠叫來門前後，用手掌一邊擋住，一邊將門打開，以免鸚鵡逃走。

要領2 在外面讓牠站在手指上

鸚鵡來到門邊後，一邊慢慢地伸出手指，一邊叫喚牠「過來」。將手指伸到腳根部上方，等牠自己站到手指上來。

要領3 停在手指上

鸚鵡站到手指上後，請溫柔地對牠說話，給予牠喜歡的零食等，讓牠停留在手指上。請確實地進行這個練習，讓牠習慣人的手。

要領4 改變手指

將其他手指伸到牠前面，再度呼喚牠「過來」，等待牠站到手指上。飼主不心急、有耐心地善加引導是很重要的。

看不見看不見，哇！

普通的「看不見看不見，哇！」的遊戲。這是一種非常單純、鸚鵡也很容易理解、能夠享受樂趣的遊戲。此外，這個行為在要讓鸚鵡理解「即使看不見也不會被拋棄」這件事上，也能發揮很好的效果。

空中盪鞦韆

鸚鵡站到手指上來後，試著慢慢以大動作前後左右如鞦韆般搖動。鸚鵡最喜歡鞦韆搖晃的動作了。習慣後，也可以向換乘到另一隻手的技巧挑戰看看。

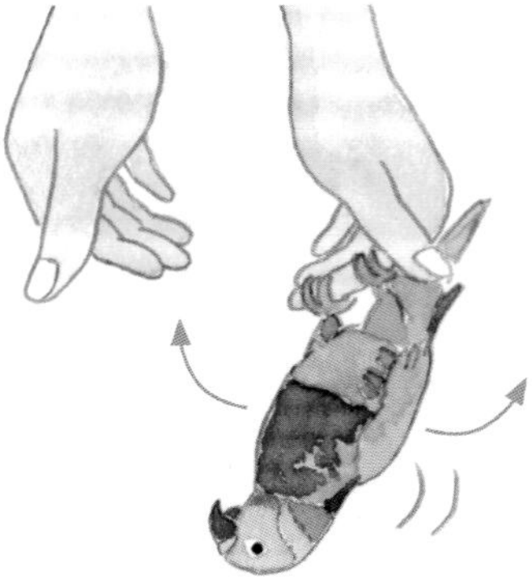

瞪人遊戲

鸚鵡有時候會目不轉睛地注視著你。你也不妨一動也不動地注視回去吧！當然，瞪人遊戲中先動的人就輸了。這個遊戲最適合拿來讓牠學習「不只是肌膚接觸，動作中也有意義存在」的這件事。

你追我跑

將鸚鵡放到籠子外面時，讓牠來追你。只要噠噠噠地小步前進，鸚鵡就會顯現興趣地來追你，然後再轉身往另一個方向走。請在安全的寬敞處，不至於玩膩地享受遊戲的樂趣吧！

拔河

當鸚鵡用免洗筷等玩起遊戲時，不妨先招呼牠一聲後拉住一端。由於鸚鵡也會拉回去，所以可試著玩拔河遊戲。請以公平對等的感覺來比賽，最後就讓鸚鵡獲得勝利吧！

吹口哨

來模仿最喜歡説話的鸚鵡，配合牠的叫聲吹口哨吧！一起進行，也可以期待加深和鸚鵡之間信賴關係的效果。另外，如果是會吹口哨的鸚鵡，或許還能跟牠一起合唱，請務必嘗試看看。

用玩具玩遊戲

用玩具遊戲對於好奇心旺盛的鸚鵡來說，最適合拿來紓解壓力了。重點是要經常更換玩具，讓牠不會感覺無趣。

玩具遊戲對鸚鵡的作用

對鸚鵡來說，「玩具」不僅僅只是遊戲的工具而已，因為它是能將飼主不在的空閒時間轉變成充實時光的魔法道具。此外，玩具也是可以刺激鸚鵡豐富智能的學習工具。

使用形狀各異的玩具玩遊戲，藉以學習更多資訊，並對此感到喜悅——這也是鸚鵡的特色。所給予的玩具，請選擇適合鸚鵡品種的習性和身體大小的。此時就幫牠考慮到玩具的安全性等，也能防止意外的發生。

MEMO

不能給牠這樣的玩具

請注意啄咬下去會有危險的塗料玩具，以及鳥能夠吞下的小東西等。細繩或是緞帶等的纖維材質或是橡皮圈等，可能有鉤住腳或頸部的危險。除此之外，會導致鸚鵡受傷的尖銳物品或是可能會破裂的東西也都必須十分注意。

玩具的選擇方法

選擇對鸚鵡不會有害的玩具是最基本的。玩具是每天要玩的東西，因此重點在於選擇安全且堅固耐用的玩具。最好選擇可以安心使用的天然材質等。也很推薦會發出聲音或是能夠乘坐的玩具、鏡子等。

將玩具放進籠子裡面時

將新玩具放進籠子裡面時，請充分注意。有些鸚鵡突然看到玩具會受到驚嚇或是覺得害怕。對於性格膽小的鸚鵡，要先在籠子外面展示給牠看，一邊出聲招呼。如果牠表示出感興趣的樣子，就可以放進籠子裡面。

固定遊戲場所

如果讓鸚鵡在固定的場所遊戲，只要鸚鵡去到那個地方，情緒就會昂揚，心情上也能有抑揚起伏。而且在安全方面和衛生方面也都比較容易管理，所以建議要固定遊戲場所。

讓牠遊戲時的注意事項

當鸚鵡在籠子外面玩的時候，絕對不可以離開視線。還有，用塑膠鍊等將遊戲場所圍起來等，為牠建造物理性的防護柵欄，也會比較安心。

不玩玩具時……

不玩新玩具時，可以用紙包起來，放進籠子裡看看。自己將紙啄破後發現的舉動，可能會喚起牠對玩具的依戀心。

不同品種鸚鵡的推薦玩具

或爬上或啄咬著玩的玩具。吊掛設置在籠子裡的類型。

雞尾鸚鵡

性格膽小，對鮮豔的顏色或是會動的東西可能會感到害怕。由於體重較重，最好選擇堅固的玩具。

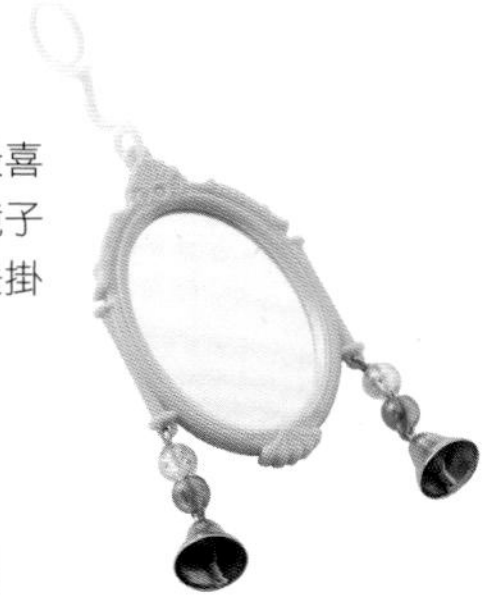

虎皮鸚鵡最喜歡的附有鏡子和鈴鐺的垂掛型玩具。

虎皮鸚鵡

因為有群居的習性，喜歡可以感覺到同伴存在的鏡子或是鳥形的玩具，也喜歡附有會發出聲音的鈴鐺或掛鐘的玩具。

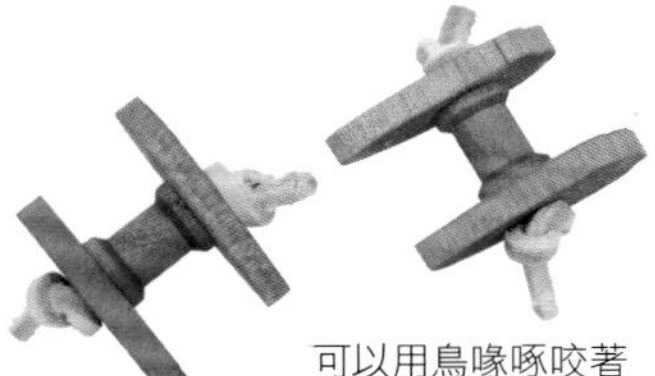

可以用鳥喙啄咬著玩的木製玩具。

桃面愛情鳥

鳥喙的力道強，可能會弄壞玩具。最好選擇木製堅固的產品。

這是安裝在鳥籠裡的梯子。可以或爬或抓地玩遊戲。

太平洋鸚鵡等小型鸚鵡

動作活潑，喜歡鞦韆或梯子等攀爬著玩的東西。需注意破損。

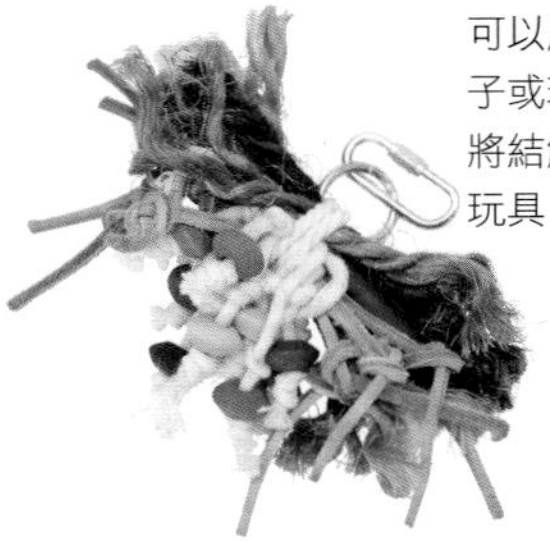

可以用嘴巴啄繩子或珠珠，或是將結解開來玩的玩具。

錐尾鸚鵡（大太陽）等的中型鸚鵡

力道強，最喜歡可以破壞的玩具。適合智慧之圈等邊用頭腦邊玩的玩具。

可以用鳥嘴或腳拿著玩的天然材質球形玩具。

錐尾鸚鵡（小太陽）

腳非常靈活，對於球或會動的東西、競技形態的東西都有興趣。請選擇容易拿持的玩具。

玩具目錄

選擇玩具時，要從豐富的種類中找出適合鸚鵡個性的，挑選對智育、德育、體育的養成上都有效果的玩具吧！

會發出聲音的玩具

能給予腦部適當的刺激。對於在安靜場所獨自度過的鸚鵡來說，這些聲音有時可以帶來安心感。

附有小鈴鐺的類型，適合力道較弱的小型鸚鵡。鈴聲一響，就可以看到鸚鵡可愛的反應。無著色玩具 鞦韆S ￥450／Compamal上野店

穿過棲木，可以轉動著玩的玩具。搖柄部分可以活動，球中的鈴鐺會發出聲響。PERCH STAR BALL ￥199／DokidokiPetkun

可以攀登乘坐的玩具

這種玩具的魅力在於可以活用狹窄的籠內，讓空間變得更加寬敞。藉由上下自由運動來保持健康的身體，也可以期待紓解壓力的效果。

可以叼啄五顏六色的珠子，或是爬到球上來玩。豐富的色彩可以刺激腦部。垂掛球 ￥1800／Compamal上野店

可以讓鸚鵡或是攀爬或是啄咬地盡情玩耍。由啄咬也安心的天然材質做成。棲木架 ￥1512／DokidokiPetkun

如果是可以抓取可以揪拔的玩具，就不會無聊了。可以直接安裝在籠子裡。Wild Time Bird Toy ￥990／Compamal池袋店

其他玩具

適合給知識好奇心旺盛的鸚鵡玩的玩具，種類真是形形色色。請選擇不會過於簡單，也不會太難的玩具，讓牠能不至於無聊地玩遊戲吧！

可以用鳥喙將像巧環般連結在一起的彩色環圈一邊啄咬一邊拆解開來的玩具。Puzzle ring S ¥220／Compamal池袋店

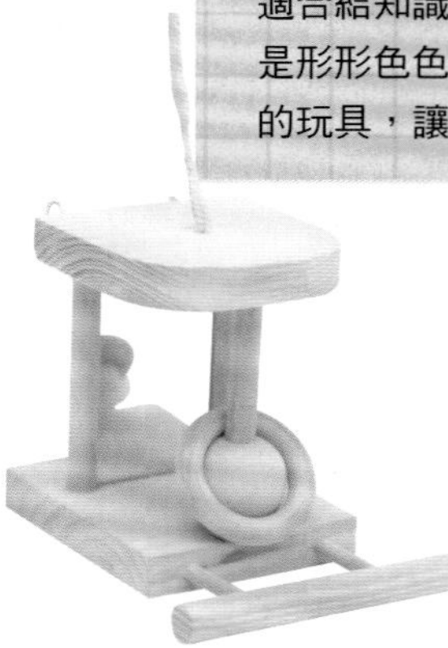

像巧環般的複雜玩具，可望提高鸚鵡的智能。無著色玩具 Bird toy・Mirror ¥550／Compamal上野店

窗戶部分插入了鏡子，鸚鵡看見自己的模樣後會做出反應。天然材質，讓人安心。Wood dresser S ¥563／DokidokiPetkun

破壞型的玩具

破壞活動可以說是鸚鵡的興趣。給牠能夠盡情破壞的玩具，可以讓鸚鵡感到喜悅。請把它當作消耗品。

可以揪下毛的部分來玩的類型。破壞型玩具最好選擇纖維不會太堅韌的種類。動物小隊各¥300／Compamal池袋店

進入口中也安心。請配合個體的大小來選擇尺寸。天然材質的啃咬玩具 小¥735、大¥980／Piccoli Animali

啃咬型的玩具

可以靈活使用鳥喙的鸚鵡，最喜歡啃咬遊戲了。或是啃咬或是將結解開，就連鸚鵡也會沉迷其中。

建議使用容易啃咬的天然材質的玩具。繩子的纖維可以咬著玩。藺草繩（3m）¥315／Compamal池袋店

垂吊在籠子裡的類型。鸚鵡最喜歡啄繩結了。Shaggy kebab XS ¥630／DokidokiPetkun

自己動手做玩具

簡單的玩具，可以自己製作。
來做做看配合鸚鵡的個性、充滿愛心的自製玩具吧！

用自製玩具來讓鸚鵡開心

如果是簡單的手工玩具，利用身邊的材料就能輕易製作。尤其是鸚鵡喜歡的破壞型消耗品玩具，每次壞掉就必須購買新的，所以建議自己製作。而且，自己做也有可以挑選安全材料、做出適合鸚鵡個性之玩具的優點。

不過，雖說是手工自製玩具，但要製作困難的玩具並不容易。不妨先以市面上販賣的玩具做為樣本試做看看。只要是飼主充滿愛心製作的玩具，鸚鵡也一定會玩得很開心的。

用捲筒衛生紙的筒芯製作的玩具

在捲筒衛生紙的筒芯中，放入堅果等鸚鵡喜歡的零食。兩端向內摺入閉合，一頭穿過繩子。這個時候，為了讓鸚鵡更感興趣，可以稍微鑿開筒芯，露出一點內容物，這樣就完成了。

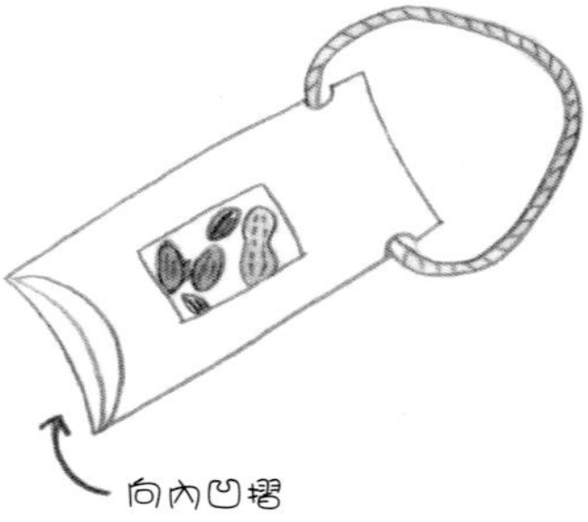

利用繩子和鈕扣製作的玩具

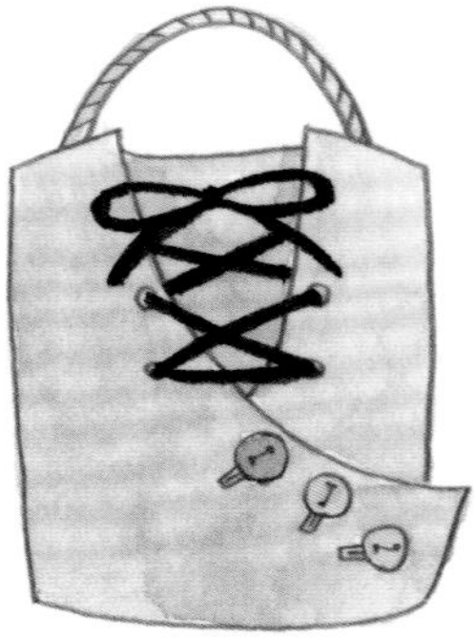

這是以讓鸚鵡思考「怎麼做才能拆解繩子和鈕扣？」為目的的玩具。將布縫成袋狀，在表面繫結上許多鈕扣或鞋帶等。鈕扣請選擇鸚鵡無法吞下的大小。此外，塑膠製的鈕扣容易被破壞，必須注意材質的選擇。

自製玩具時的注意事項

選擇安全的材料

要以鸚鵡的安全為第一考量。請注意可能會纏到腳上的線或橡皮圈、可能吞入的小珠子等。破裂後會有危險的塑膠製品和有毒的鉛也必須注意。

破壞系玩具需均衡組合

製作可以盡情享受破壞樂趣的玩具時，訣竅是要均衡組合容易壞掉的零件和不容易壞掉的零件，以免一下就壞了而無法使用。

用繩子綁好防止掉落

萬一玩具掉到籠子底部的話，鸚鵡可能就不玩了。請注意要用繩子牢牢地綁好玩具，垂掛在籠內讓鸚鵡玩。

製造開始玩的契機

費心製作的玩具，如果鸚鵡不玩的話，就沒有意義了。使用鳥喙進行遊戲的玩具類型，必須要動動腦筋製作讓鸚鵡開始玩的契機才行。

打造PLAYPEN，玩得更快樂

PLAYPEN是指特定的「遊戲場」。請花心思親自為鸚鵡打造一個讓牠興奮期待的遊戲場吧！

纏捲繩子

在木頭上纏捲繩子，可以讓牠咬著玩。最好使用安全的棉繩。

設置玩具

設置許多玩具，妥善地為鸚鵡設置棲木或梯子等。

組合木材

將木材做各種加工，為鸚鵡建造能充分遊戲的空間。

串上五顏六色的珠子

豐富的色彩會搔起鸚鵡的好奇心。請選擇塗料不容易剝落和大小無法吞下的珠子。

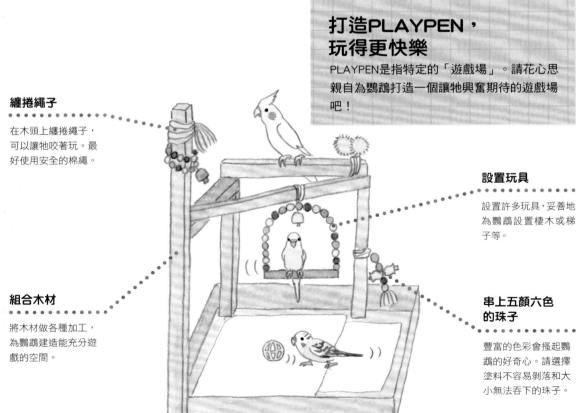

來教鸚鵡學才藝

鸚鵡最喜歡受人矚目，成為眾人的目光焦點了。為了獲得大家的稱讚，會將學到的各種才藝表現出來。

鸚鵡是多才多藝的演藝人員

只要教鸚鵡學才藝，牠就會非常可愛地表演給你看。這是想和同伴一起同樂的心情表現之一。

在野生狀態下生活的鸚鵡，本來就是和伴侶或是同伴一起生活的。在團體中，會藉由一起遊戲來尋求身體上的接觸，以得到安心感。

此外，牠們也同時具有強烈的「想在同伴中突顯自己的存在感」、「想要受到矚目」的心情，對於大家高興地看著自己的情況會感到喜悅。當鸚鵡表演才藝時，請大家都來讚美吧！

握手

學會抬高一隻腳放在手指上後，接下來就要學習握手了。一邊說「握手」一邊伸出食指，如果鸚鵡抬高一隻腳，就輕輕地抓住。將手略微上下搖動，鸚鵡也會覺得開心。

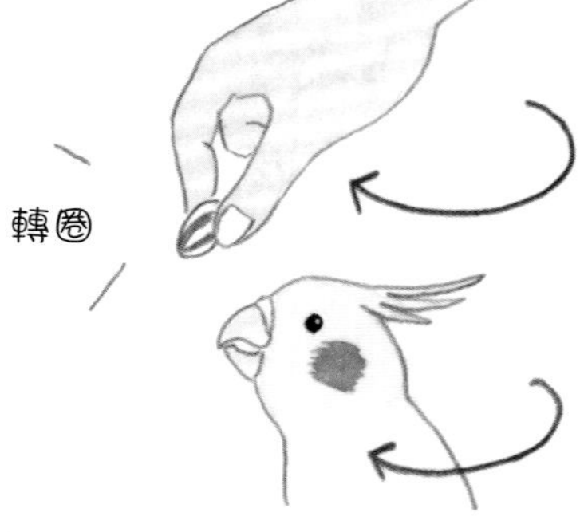

轉圈

在鸚鵡頭上拿出零食給牠看，發出「轉圈」的指令，手往後繞一圈。鸚鵡如果也轉身的話，就給牠獎賞。一點一點地反覆練習，最後如果能只聽到指令就轉身的話，練習就成功了。

抽籤

準備一把棉花棒，將有中籤記號的棉花棒的另一頭事先沾上一點無色的果汁，如此一來，鸚鵡一定會選擇那一支。建議有朋友來玩時表演給他看。

爬樓梯

用線綁著牠喜愛的零食，從樓梯上方垂下。鸚鵡如果有興趣，就一點一點地將線拉高誘導牠，爬上後就給予獎賞。雖然看起來好像很困難，但其實非常簡單。

投籃

讓牠啣著球，灌籃投進杯子裡。要領是一靠近球就給牠獎賞，啣起來也要給獎賞，一步步地提高等級。以僅憑指令就能投籃的那一天為目標，努力練習吧！

提水桶

將裝入獎賞品的小桶子垂掛在棲木上，只要鸚鵡把它拉上來就成功了。適合能夠靈活用腳的鸚鵡。熟練後，可以將繩子的長度逐漸加長，就變成值得一看的才藝表演了。

拉車

使用線軸和鐵絲、細繩，為鸚鵡製作專用的拉車。練習時要有耐性，只要難度一增加，就要給牠獎賞。最後要練習到只要看到拉車就會去拉它。

來教鸚鵡學說話

說話是鸚鵡最大的魅力之一。如果能夠配合鸚鵡品種的習性，採取有效的教法，就能和鸚鵡共度快樂的時光。

有擅長說話的鸚鵡和不會說話的鸚鵡

大家都有鸚鵡會說話的強烈印象，實際上，以此為目的飼養鸚鵡的人似乎也很多。不過，你要先知道的是，在鸚鵡中也有擅長說話的品種和不擅長說話的品種，甚至連會不會說話也依個體而異。

說話本來是喜歡共有相同活動的鸚鵡的求愛行為之一，因此一般認為雄鳥比雌鳥還要擅長。還有，愛情鳥並不適合學說話；反之，虎皮鸚鵡、非洲灰鸚鵡等就非常會說話。

教導方法的要點

先從和鸚鵡互相注視，讓牠集中注意力開始。
牠一叫就給牠獎賞等等，每天有耐心地教導是最重要的。

①建議由聲音比男性高亢的女性來進行教導

一般來說，能夠發出和鸚鵡叫聲相似的高音質聲音的女性，比較容易讓鸚鵡學會說話。不過，出人意料地也有以低沉聲音說話的鸚鵡，所以就算由男性教導也不會有問題。

②每次只教一句話

先從人容易教導，鸚鵡也容易學會的短句開始練習。一句一句地教，等完全熟練後再教下一句，逐步進行教導。重點在於只要記住了就要稱讚牠。

愉快地和鸚鵡進行對話

你的想像可能是——只要鸚鵡和飼主擁有許多說話的時間，最後就能和人一起唱歌，或是說一個完整的故事——不過，這種情況可以說是僅限於學會語言後，能夠理解其意思，而且能讓非「模仿」的會話成立，只有天才鸚鵡才具備的能力。

但是一般的鸚鵡，大多不是理解話語中的意思，而是把話語當做聲音來掌握，加以模仿。不過，如果是鸚鵡中腦袋特別聰明、肯學習的非洲灰鸚鵡，和飼主成立對話的情形似乎也存在。除此之外，一般認為容易飼養的虎皮鸚鵡，就算無法像非洲灰鸚鵡一樣與人對話，也是可以理解語言概念的。還有，就算是不會說話的個體，或許也能理解人的語言。不妨先試著仔細觀察牠的叫聲或行為等吧！

③先從容易學會的P音開始吧！

以舌頭的構造來說，鸚哥和鸚鵡比較容易學會「Pa、Pi、Pu、Pe、Po」的音，因此可以從P音的字開始。另外，剛開始時先從牠聽慣的名字來教是最好的，所以最理想的做法便是取個第一個字帶有P音的名字。

④從牠看不見的地方叫牠

對鸚鵡而言，語言是遠距離交流的方法之一。將牠關入籠子裡，然後從別的房間對牠說話看看。這樣也可以讓牠學會「看不見對方時，說話可以派上用場」這件事。

⑤決定稱讚時的信號

上下搖動指尖、用指尖輕輕撫摸牠、小聲地彈指頭等等，請先決定好稱讚鸚鵡時的信號。如果能讓鸚鵡記住這個動作就是稱讚自己的信號，牠就應該會努力想讓你發出這個信號。

COLUMN 5

一起外出

搭乘交通工具時的注意事項

搭乘汽車或電車時，最好先在外出籠中塞入紙袋等，然後再放入鳥兒；直接放入籠內的話，空間過度寬敞可能會造成鳥兒受傷，請注意。搭乘交通工具時，為了避免外出籠的入口因為震動而打開，最好用膠帶或D型環等牢牢固定。另外，為了避免水潑灑出來，最好另外準備含水的脫脂棉等放入飲水盒中。

搭乘飛機時該怎麼辦？

搭乘飛機時，基本上要將鳥放入外出籠、塑膠箱或是較小的籠子等，牢牢地關好入口。一般可視為貨物，收費搭乘。依航空公司而異，規定或收費、有無專用櫃檯等都不一樣，重要的是要事先詢問以做好準備。關於水和食餌，也請預先向航空公司洽詢。

使用外出繩就能去外面散步了嗎？

鸚鵡可能在散步時逃走，必須非常注意才行。即使是已經習慣乘坐在手上或肩上的鸚鵡，萬一環境改變，還是可能會陷入恐慌。基於如此，將鸚鵡從籠子裡放出，帶到外面散步時，都必須戴上市面上販售的鳥用外出繩。外出繩也有附圍裙的製品，或是可貯存糞便的製品。利用外出繩外出時，必須注意的是細菌的感染。只要鸚鵡下來到地面就有感染之虞。

第6章 鸚鵡的健康管理

每天的健康檢查

就算多方注意健康管理，還是可能會生病。平常就要仔細觀察鸚鵡，以免忽略了微小的變化。

鸚鵡就算不舒服，還是會假裝健康

和其他小動物比起來，鸚鵡算是長壽的。只不過，和人類比起來，也只是一小段時間而已。只要稍微延遲發現疾病，就會失去性命。

另外，在野生狀態下生活的鳥，為了避免遭受捕食動物攻擊，具有隱藏身體不適的習性。不要忘了，能夠感覺出不想示弱而拚命打起精神的鸚鵡身上細微變化的，只有飼主而已。

在疾病的治療上，早期發現非常重要。如果發現不對勁的地方，請不要自行判斷，還是趕快找家庭獸醫師商量吧！

MEMO

再度確認 鳥類的基本知識

鳥是這樣的生物

體溫高

為了要飛起來，鳥類的體溫經常保持在40～42度左右。寒冷的時候，羽毛中可以儲蓄空氣來保溫；溫暖的時候則會抬起翅膀通風，以調整體溫。

食物無法儲存於體內

鸚鵡吃完東西會立刻消化掉，成為糞便排出去，所以排便次數多也是其特徵。如果是小型鸚鵡，只要1天半或2天沒吃東西就可能會死掉。

有泄殖腔

糞便、尿酸、卵、精子全部都是從稱為泄殖腔的肛門排出的。因此，卵如果在肛門塞住了，就無法排便，可能會生病，請注意。

早期發現很重要！立刻前往醫院

當你覺得鸚鵡「好像無精打采」、「和平常的樣子不同」時，建議你立刻前往動物醫院詢問。代謝快的鸚鵡，一旦發生內臟疾病，病情就會以比人還快的速度進行。還有，也可能在飼主還沒察覺的情況下就罹患了傳染病，或是罹患腎臟疾病或甲狀腺疾病等，雖然外表看起來健康，卻會在突然間就死了。為了預防這些情形，藉由定期健康檢查的早期發現和早期治療是非常重要的。

為了維持健康，哪些事情是必須做的？

請先找好當鸚鵡生病時，隨時都可以前往、值得信賴的家庭獸醫師。鳥類病症的發展很快，若是等到真的變得很不舒服後才就醫，可能已經太遲了。要尋找可以信賴的動物醫院時，請儘量挑選在住家附近、發生狀況時可以立即前往的。還有，尋找的重點要放在是否為小鳥專門醫院，或是獸醫師對於小鳥是否精通等等。將鸚鵡帶回家前，也必須先確認家中環境是否已整理完備。

此外，為了早期發現鸚鵡的疾病，以一年兩次的健康檢查為理想。如果有困難，一年也必須接受一次檢查。

建議要每天測量體重並觀察身體的變化等，寫成日記記錄下來。平日的檢查就是維持鸚鵡健康的重點（鸚鵡的健康日誌請看P.155）。

CHECK

每天的檢查項目

想要守護鸚鵡的健康身體，飼主最好每天進行健康檢查。
如果覺得有異變，請立刻前往獸醫師處詢問。

- ☐ 是否有精神地活蹦亂跳？
- ☐ 羽毛是否膨起？
- ☐ 是否閉著眼睛，或是一直在睡覺？
- ☐ 有確實吃食餌嗎？
- ☐ 有確實飲水嗎？
- ☐ 睡覺的姿勢等有沒有變化？
- ☐ 叫聲正常嗎？
- ☐ 體重是否有急遽變化？
- ☐ 臉部或鼻孔、臀部周圍有髒污嗎？
- ☐ 羽毛是否有光澤？有脫毛等異常嗎？
- ☐ 身體有腫起或受傷的情況嗎？
- ☐ 糞便狀態有無異常？次數正常嗎？

健康檢查〈自宅篇〉

能夠察覺鸚鵡微妙的身體變化的，只有一直在旁的飼主而已。每天的健康檢查，關係著疾病的預防和早期發現。

用每天幾分鐘的檢查來守護鸚鵡的健康

對任何人都想隱瞞疾病，讓自己看起來健康的鸚鵡。即使如此，還是會有一點變化。不要忘了，能夠察覺這種細微變化的，只有經常和鸚鵡接觸的飼主而已。想要一直和最喜愛的鸚鵡快樂地生活，請每天請進行數分鐘的外觀檢查。

在家中進行健康檢查時，要點是要決定好從籠中把牠放出來的時段，並把它做為每天的功課。還有，如果能從平常就觀察鸚鵡的身體狀況或樣子等，記錄在筆記上，就能察覺微妙的變化，建議大家不妨這麼做。

在家可以做的健康檢查

頭

- 是否經常歪著頭（耳炎、神經疾病等）？

鼻子・翅膀

- 鼻子周圍或翅膀根部等是否有疙瘩（腫瘤等）？

鳥喙

- 是否有出血斑（肝臟異常等）？
- 鳥喙的生長是否比平常快（肝臟疾病、營養障礙）？
- 是否變形有如鴨子嘴一般（寄生蟲、病毒疾病）？

腹部

- 體重是否急遽增加、腹部膨脹（腹水、挾蛋症、肝病、腫瘤、墜卵性腹膜炎等）？

羽毛

- 有無顏色和光澤的變化（心臟疾病、啄羽症、營養障礙等）？
- 是否有大片地脱毛、變禿（病毒疾病、肝臟疾病、啄羽症等）？

整體

- 是否明明有進食卻變瘦（內部寄生蟲、痛風、墜卵性腹膜炎、肝病、腫瘤）？

觀察糞便的狀態，檢查健康情形

糞便的狀態在了解身體狀況上是非常重要的情報來源。有些疾病只要每天檢查鋪紙，就能早期發現。飼主最好要擁有正確知識，以便進行健康檢查。

鸚鵡的糞便有深綠色和白色的部分，白色部分就是尿。鳥類並沒有像人類一樣呈液體的尿液，而是以像顏料般摻混的狀態和糞便一起排泄。

糞便形狀依鳥的種類而異，這也可以說是鸚鵡的特徵之一。例如，虎皮鸚鵡的糞便呈「9」字形，雞尾鸚鵡則是呈「U」字形等，形狀可謂各式各樣。因為也有個體差異，所以最好預先將健康時的糞便狀態記錄下來。此外，鳥類為了隱藏疾病，有時會「假吃」，所以對於是否真的有進食、糞便的次數和分量等都要注意，仔細觀察才行。

CHECK

利用排泄物檢查

如果有黏糊的糞便垂掛在肛門上，就是寄生蟲或消化器官的問題。如果只排泄出水分，可能是腎臟疾病或是處在強大的壓力狀態。除此之外，糞便變大、次數減少可能是產卵的前兆，不過也可能是腹水或輸卵管炎、腫瘤等，所以必須充分注意。請先了解正常糞便的狀態，只要感覺到糞便的次數和分量、狀態等有異常變化，就要立刻帶到經常就診的動物醫院去。

多尿便

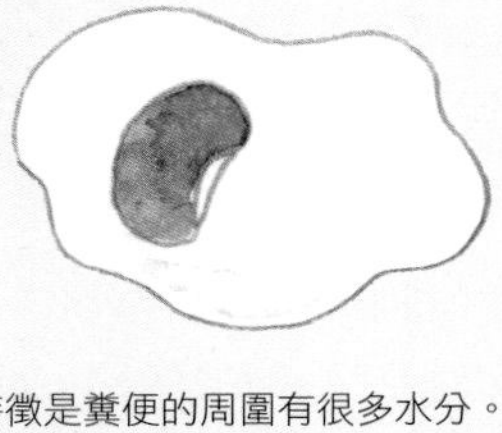

特徵是糞便的周圍有很多水分。原因也可能是飲水過多。

下痢便

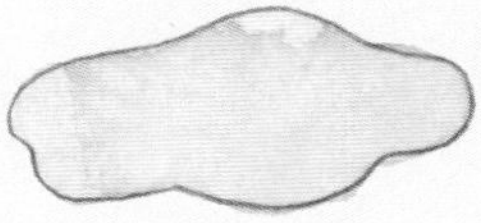

固體部分全部黏糊糊的。如果是鮮綠色的下痢便，表示可能沒有進食。

正常糞便

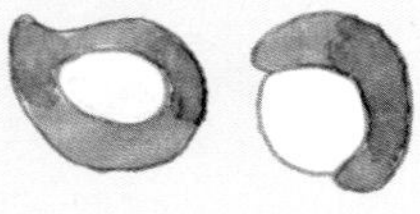

深綠色的部分是糞便，白色部分是尿。是以顏料般摻混的固體排泄出來的，不會排泄出液體的尿液。

健康檢查〈醫院篇〉

鸚鵡突然生病時，有沒有遇到優良的獸醫師，會讓狀況完全不同。要在健康的時候，就先找好可以安心的動物醫院哦！

一年兩次的健康檢查，常保健康！

為了讓鸚鵡可以在專門知識豐富的獸醫師之下接受完整的檢查，平常要先選好2家以上的醫院才能安心。

在醫院的選擇上，和獸醫師之間的關係也很重要。最好在鸚鵡生病前就接受健康檢查，先對醫院進行評鑑。

還有，鸚鵡的健康檢查，一年兩次可以說是最理想的。這是考慮到鸚鵡有隱藏疾病的習性，以及發病後會迅速進展的結果。如果有困難，建議一年做一次檢查，不過鸚鵡的年齡如果超過5歲，一年一定要接受兩次檢查。

MEMO

前往動物醫院時……

有使用鳥籠或外出籠等2種方法。開車移動時使用鳥籠，搭電車時則要使用移動用的外出籠，再裝入稍大一點的袋子裡即可。還有，非夏天時，別忘了要使用暖暖包等進行保溫。長期間移動時，請將目前吃的飼料撒在底部。水可能會溢灑出來，所以最好不要放入，改放蔬菜即可。鸚鵡是很膽小的動物，可能會因為稍微的搖晃就變得不安。經常對牠說話，讓牠安心是很重要的。

使用外出籠

夏天以外的時期請注意籠內的保溫。要使用拋棄式的暖暖包或浴巾、毯子等保溫商品。

使用鳥籠

如果是平日使用的籠子，就可以讓醫師觀察到食餌和糞便的狀態。開車短距離移動時，使用鳥籠也不會有問題。

帶往醫院時有哪些注意事項？

感覺異常時，能否儘早請精通鳥類專門知識的獸醫師診斷，會左右鸚鵡的性命。前往動物醫院時，預先打電話確認會比較安心。

萬一在情況緊急時，醫院表示：「本院無法診察鳥類。」那可就麻煩了。先問清楚「是否能做小鳥的糞便檢查、嗉囊檢查？」再來尋找精通鳥類的醫院吧！

如果距離可以接受的話，特別建議選擇能做血液檢查或基因檢查等精細檢查的醫院。就算是沒有特殊檢查的醫院，在進行健康檢查時還是可以利用。

還有，每家醫院的檢查方針都不一樣，即使是評價良好的醫院，當飼主和獸醫師的意見無法溝通時，或許也可以到別家醫院檢查看看。在寵物店等預先蒐集好動物醫院的情報，也是方法之一。

CHECK 在醫院應告知的事項清單

- ☐ 鸚鵡的性別和年齡
- ☐ 飼養年數
- ☐ 平時吃的食餌分量和內容
- ☐ 進食的情況
- ☐ 什麼時候開始出現症狀
- ☐ 出現什麼樣的症狀和變化
- ☐ 是單獨飼養還是複數飼養
- ☐ 糞便的狀態（最好可以攜帶糞便到醫院）

在醫院進行的健康檢查

檢查外觀
確認翅膀．羽毛的狀態、肌肉．脂肪的生長狀況與均衡，以及骨骼．腳和趾頭等各部位有無異常。

頭部視診
診察眼睛疾病．呼吸系統方面有無異常？確認鼻孔．耳孔是否有分泌物流出。

口腔內視診
可能會有病原性微生物導致腫脹，或是乳酪狀的異物等附著在口腔內的情形，所以要確認是否正常。

檢查嗉囊液
將檢查器具插入口中，注入生理食鹽水後再吸上來，採取嗉囊液後，用顯微鏡檢查有無異常。

腹部視診
確認脂肪多寡、腹部是否膨脹等。測量體重時是以1g為單位做正確的測量，檢查是否為適當體重。

顯微鏡檢查
將採集到的嗉囊內容物和糞便以顯微鏡進行檢查。此時要確認是否含有病原性微生物。

糞便的披衣菌檢查
請定期檢查有無披衣菌（鸚鵡熱）。也要判斷糞便的狀態或顏色是否正常。

血液檢查
採取血液，調查內臟器官的狀態。藉由DNA檢查，也可以進行病毒疾病或傳染病的確認，以及雌雄判定等。

察覺不適的徵兆，早期發現・早期治療

想要避免漏看細微的變化，預先知道疾病的初期症狀是很重要的。只要覺得鸚鵡的樣子和平常不同，或是有點奇怪，就要儘快帶往醫院。

對於鸚鵡的疾病，如果具備正確的知識，是可以防患於未然的。其中，內臟疾病大多是因為飼主錯誤的飼養方法所造成的，必須注意。此外，即使感染到病原體，只要鸚鵡有足夠的免疫力，也能不發病地將病原體排出體外。

由外觀可發現的徵兆

出現這些症狀就要立刻帶往醫院

下腹部膨脹

有濃綠色的下痢，下腹部膨脹。模樣雖然和平常沒有不同，但是腹部卻逐漸鼓起。

可能是這樣的疾病…

可能是荷爾蒙異常或細菌感染造成的輸卵管炎，或是卵跑到腹腔內的墜卵性腹膜炎。

嘴巴周圍髒污

口中發出異味、嘴巴周圍髒污，或是將吃下的東西立刻吐出來。

可能是這樣的疾病…

消化器官疾病或中毒的可能性很高，也可能是嗉囊發炎。

趾甲變色

趾甲整體的血色不佳。鳥喙或趾甲部分性地出現有如黑點般的出血斑。

可能是這樣的疾病…

可能是出血斑或貧血造成的血色不佳。此外，也可能是肝臟疾病。

口中有黏性物

出現類似感冒的症狀。嚴重時，口中可能會形成偏白色的腫瘤。

可能是這樣的疾病…

口腔內發炎或副鼻腔炎。也可能是會有類似副鼻腔炎症狀的內部寄生蟲疾病。

一直歪著頭

一直保持歪著頭的狀態。頸部歪斜嚴重時，會無法好好走路。

可能是這樣的疾病…

這種症狀稱為斜頸。原因可能是傳染病或耳朵異常、腦神經障礙、中毒等。

眼周腫脹

眼睛紅腫或是流淚。甚至有打噴嚏或流鼻水、咳嗽等類似感冒的症狀。

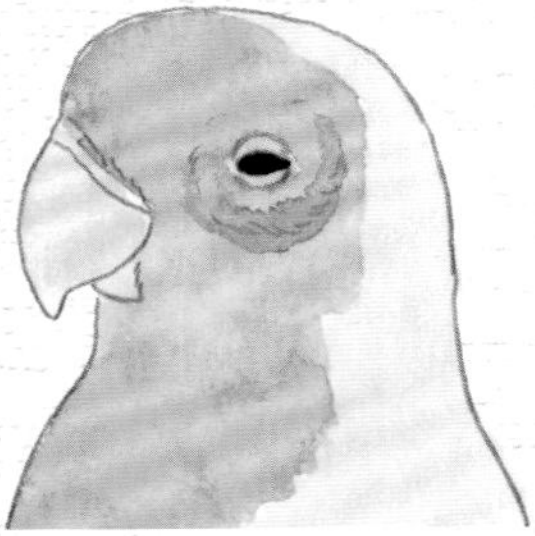

可能是這樣的疾病…

眼睛或呼吸系統發炎。如果同時出現類似感冒的症狀，也有可能是副鼻腔炎。

眼睛發紅

眼睛紅腫或是發炎。除了發紅，也可能伴隨搔癢等。

可能是這樣的疾病…

通常是眼病或是副鼻腔炎。也可能是疥癬蟲病、維生素Ａ缺乏症、氣管炎等。

姿勢傾斜

站立時姿勢無法保持筆直，重心經常傾斜一邊的狀態。

可能是這樣的疾病…

神經系統的異常。可能是病原性微生物引起的腦炎、腦內腫瘤，也可能是內臟疾病。

鼻孔周圍髒污

因為某些原因，造成鼻孔或其周圍的羽毛髒污，或是有分泌物附著。

可能是這樣的疾病…

可能是呼吸系統發炎，也可能是病原體侵入副鼻孔造成的副鼻腔炎。

蠟膜腫脹、變色

鼻孔周圍的「蠟膜」部分腫脹或是變色。

可能是這樣的疾病…

很有可能是疥癬蟲病或甲狀腺腫等。如果是甲狀腺腫，一般認為原因是缺碘所造成的。

流鼻水、鼻塞

打噴嚏或是流鼻水。鼻子塞住，好像很難過的狀態。

可能是這樣的疾病…

呼吸系統發炎、副鼻腔炎。也有可能是維生素A缺乏症、鸚鵡熱等。

兩腳或一腳張開

一隻腳或是兩隻腳向外側異常張開的狀態。也可能是天生平衡不良。

可能是這樣的疾病…

遭受外敵攻擊或是打架、受傷等造成的外傷。也可能是遺傳因素所造成的脫腱症。

禿毛而露出皮膚

鸚鵡啄掉自己的羽毛等，造成一部分的羽毛禿掉，露出該處的皮膚。

可能是這樣的疾病…

可能是病毒疾病或營養不良、內臟疾病造成的羽毛問題、啄羽症等。也有可能是外傷。

翅膀上出現疙瘩

翅膀上長出零零星星的小疙瘩（腫瘤）般的東西，並且逐漸變大。

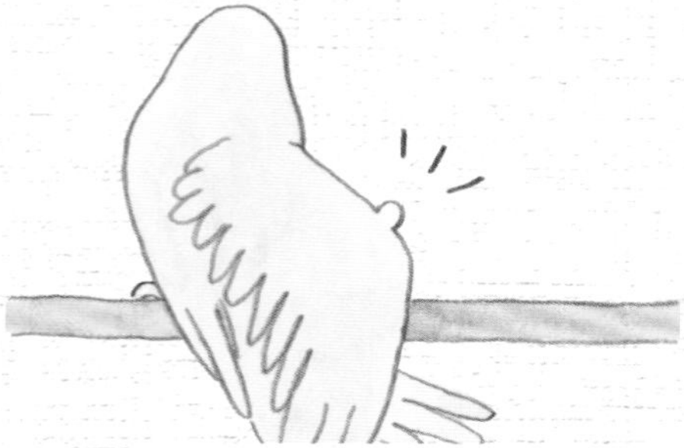

可能是這樣的疾病…

可能是積膿的膿瘍或脂肪腫等膿腫，也有可能是惡性腫瘤。

羽毛經常脫落

應該長齊的羽毛異常脫落。或是羽毛部分性的脫落。

可能是這樣的疾病…

可能是環狀病毒感染症、多瘤病毒感染症、啄羽·自咬症、外傷等。

肛門周圍髒污

原本應該潔淨的肛門周圍可能會在排便等之後弄髒。

可能是這樣的疾病…

一般原因出自於多尿或下痢等。也有可能是內臟疾病或腸炎。

羽毛有一部分彎曲

羽毛部分性地變細，或是羽毛有一部分彎曲，無法收疊起來。

可能是這樣的疾病…

原因可能是環狀病毒感染症、多瘤病毒感染症等，或者是啄羽·自咬症、外傷等。

羽毛變色

覆蓋身體的羽毛變色，失去光澤。非因老化所造成的褪色情形。

可能是這樣的疾病…

可能是肝臟疾病、營養障礙、病毒疾病所造成的羽毛問題。可進行血液檢查等。

肛門流出紅色的東西

從肛門脫出紅色球狀般的東西。內側的肛門或輸卵管從肛門中脫出。

可能是這樣的疾病…

可能是脫肛、輸卵管脫垂。也有可能是挾蛋症等。

有進食卻逐漸消瘦

和平常一樣都有好好吃，體重卻一點一點減少，逐漸消瘦。

可能是這樣的疾病…

可能是內部寄生蟲的感染症，或是經常引發多喝多尿的痛風、肝臟疾病、糖尿病等。

鳥喙缺損

鳥喙部分缺損。或是表層部分剝落或出現裂縫等。

可能是這樣的疾病…

可能有營養障礙、內臟疾病、病毒疾病、外傷的疑慮。也可能是鳥喙的質地不好。

鳥喙有顆粒狀突起

鳥喙或其周圍形成白色瘡痂等，出現有如蜂窩般的小開孔。

可能是這樣的疾病…

可能是感染疥蟎的疥癬蟲病。會搔癢，皮膚正面呈白色乾燥的狀態。

體重急遽增加

比起健康時測量的體重大幅增加。腹部膨起，超過平均體重的範圍。

可能是這樣的疾病…

如果不是因為肥胖，就要擔心可能是腹水、挾蛋症、墜卵性腹膜炎、肝病、腫瘤等。

鳥喙的顏色變淡

鳥喙的顏色變得比正常時還要淡，或是顏色變得不一樣。

可能是這樣的疾病…

原因是感染症或外傷等。也有可能是因為貧血或角質變厚，使得顏色看起來比較淡。

鳥喙上有出血斑

鳥喙的上端部出現黑點般的出血斑。或是鳥喙的顏色不佳。

可能是這樣的疾病…

原因可能是營養性、病毒性的肝功能低下。也有可能是外傷導致的出血。

鳥喙生長快速

鳥喙的生長異常快速。不自然地長到幾乎快要刺到喉嚨的長度。

可能是這樣的疾病…

鳥喙的形成異常常見於肝臟疾病。營養障礙等也可能是原因之一。

鳥喙變形

鳥喙的形狀彎曲，或是前端變長，出現有如鴨嘴般尖突等的變形。

可能是這樣的疾病…

可能是寄生蟲感染所造成的疥癬蟲病等病毒疾病，建議及早治療。

一直在睡覺

平常醒著的白天時間也一樣，老是在睡覺，或是不太活動。

可能是這樣的疾病…

此行為可視為各種疾病的初期症狀。一旦發現，就要儘早前往醫院。

頭往後埋起來睡覺

睡覺時，以頭轉向後方埋進羽毛中的狀態入睡。

可能是這樣的疾病…

一般是因為寒冷的關係，必須保溫。也可能是身體不舒服，請詢問獸醫師。

在籠子的地板睡覺

平常在棲木上睡覺的鸚鵡，在籠子的地板上以俯臥的狀態睡覺。

可能是這樣的疾病…

少見的也有健康時就在地板上睡覺的個體，不過也可能是體力低下或疾病的末期症狀。

在地板上打轉

在籠子的地板上反覆做打轉般的動作，無法好好地往前走。

可能是這樣的疾病…

神經系統的異常等。也可能是腦炎或腦內腫瘤引起的步行障礙。

晚起

每天過著規律生活的鸚鵡，卻在比平常更晚的時間起床。

可能是這樣的疾病…

如果睡覺時間比平常多，可能是某種疾病引起的初期症狀。

無法停在棲木上

無法停在籠內的棲木上。嚴重時會失去平衡，掉落在地板上。

可能是這樣的疾病…

可能是骨折・脫臼等外傷，或是腳氣病、痛風、衰弱狀態、神經障礙等。

一直閉著眼睛

平常應該活潑活動的時間，卻一直閉著眼睛，不太想動。

可能是這樣的疾病…

疾病導致的體力低下等。也有可能是呼吸系統或是會感覺疼痛的眼睛疾病。

半夜突然騷動

原本乖乖睡覺的鸚鵡，深夜突然在籠子裡振翅騷動，不斷高聲大叫。

可能是這樣的疾病…

外部寄生蟲（鳥蜱）可能是原因之一。也可能是神經障礙或陷入了恐慌狀態。

排泄時擺動臀部

排泄時，一邊擺動臀部一邊用力叉開兩腿。腹部也呈膨脹的狀態。

可能是這樣的疾病…

「蹲肚」的行為。可能是便秘，或是挾蛋症或輸卵管炎等生殖系統的問題，也可能是腹腔內腫瘤或腹水。

蹲在籠子的角落

產卵期將至的雌性鸚鵡，可能會待在籠子的角落蹲著不動。

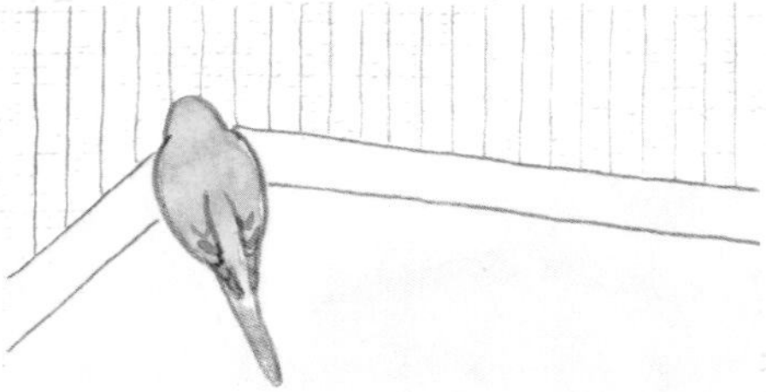

可能是這樣的疾病…

雌鳥正在做產卵的準備。如果是築巢到一半的鸚鵡，也可能是挾蛋症。

身體似乎很癢

頻頻用整個身體磨擦棲木等，或是又咬又抓，好像很癢的狀態。

可能是這樣的疾病…

可能是疥癬蟲病或毛滴蟲病等。也有可能是啄羽症、自咬症。

咬腳

因為某原因，讓鸚鵡頻頻去咬自己腳根部的症狀。

可能是這樣的疾病…

可能是痛風或自咬症。感覺有搔癢或不舒服的情況時，也有感染症的疑慮。

拖著腳走路

只有腳部有問題，平常站著不動時還是充滿活力的。拖著一隻腳走路。

可能是這樣的疾病…

如果是外傷，請儘早到動物醫院接受診療。受傷也可能導致身體衰弱至死。

飛行方式怪異

平常到處飛動的鸚鵡變得無法往上飛或是會撞到牆壁。

可能是這樣的疾病…

大部分都是因為外傷。也有可能是皮膚腫瘤、營養性腳弱病、佝僂症、痛風、輸卵管炎、視力低下等。

老是抬高一隻腳

停在棲木等上面時也一樣，老是抬高一隻腳，不會兩腳著地。

可能是這樣的疾病…

原因可能是皮膚腫瘤、外傷、燙傷、營養性腳弱病、佝僂症、痛風、輸卵管炎、挾蛋症等。

打噴嚏

和人類一樣，鸚鵡也會哈啾地打噴嚏。或者是不停地打噴嚏。

可能是這樣的疾病…

可能是維生素A缺乏症、氣管炎。甚至可能是鸚鵡熱發病。

膨起羽毛

將覆蓋身體的羽毛鼓鼓地膨起，以一動也不動的狀態乖乖待著。

可能是這樣的疾病…

某種疾病的初期症狀之一。有些疾病會導致體溫降低，因此鸚鵡會這麼做來儘量保持體溫。

不進食

每天都有確實進食的食餌突然不吃了。食慾低下的狀態。

可能是這樣的疾病…

食慾低下是疾病症狀進行到相當程度的階段。請進行糞便檢查等。

吐出食物

將吃進去的食餌吐出來。進食後，嘴巴周圍或羽毛髒污。

可能是這樣的疾病…

可能是嗉囊炎、氣管炎、毛滴蟲病、鸚鵡熱、巨大菌病、念珠菌症等。

翅膀下垂

沒有精神，翅膀一直處在無力下垂的狀態。也不拍翅，不想活動翅膀。

可能是這樣的疾病…

這是無法好好地調整體溫的信號。也有可能是骨折等，如果拖久了，請找獸醫師商量。

聲音比平常小

平常總是精神飽滿地大聲鳴叫的鸚鵡卻以微小的聲音鳴叫。好像很難過地鳴叫。

可能是這樣的疾病…

可能是所有疾病的初期症狀。請檢查身體狀況，帶往醫院。

搖頭嘔吐

進食後，脖子縱向或橫向搖動，數度嘔吐。噴灑般地嘔吐。

可能是這樣的疾病…

嘔吐的情況大多是胃腸炎或感染症。也有可能是消化器官的疾病或中毒。

由呼吸可發現的徵兆

怪異的呼吸

從口中發出嗶—嗶—有如吹笛子般的聲音，或是發出異常的聲音等，呼吸紊亂的狀態。

可能是這樣的疾病…

如果甲狀腺腫導致氣管變窄，就會產生像吹笛子般的聲音。發出異常的聲音時，可能是氣囊或肺部發炎。

張口呼吸

以嘴巴張開的狀態，窣—窣—地呼吸。偶爾好像很痛苦地開口呼吸。

可能是這樣的疾病…

鸚鵡張開嘴巴是想要降溫。這時請移動到通風良好的地方。運動後等也會出現開口呼吸的行為。

有口臭

嘴巴發出難聞的氣味。同時伴隨嘔吐，或是出現大量飲水等症狀。

可能是這樣的疾病…

堆積在嗉囊中的食餌腐敗，從嘴巴發出惡臭。也有可能是嗉囊發炎。

打呵欠

打呵欠的次數比起平常異常地多。嘴巴張得大大的，反覆打著呵欠。

可能是這樣的疾病…

可能是因為食餌腐敗、身體狀況不佳，引起口腔或嗉囊發炎等。

容易罹患的疾病之預防和治療

了解擁有特殊身體的鸚鵡容易罹患的疾病和原因是很重要的。
請確實掌握預防方法，發揮在鸚鵡的健康維持上吧！

關於疾病的正確知識可帶來預防效果

不管多麼小心注意，還是會生病。平常多注意鸚鵡的樣子，只要覺得不尋常，就要立刻帶往動物醫院。對於疾病，早期發現、早期治療是很重要的，這點請牢記在心。

還有，關於內臟疾病等，如果鸚鵡本身的免疫力足夠的話，是可以將病原體排出體外的。然而，這必須要有正確的飼養方法和清潔的居住場所，以及沒有壓力的環境才行。人類擁有知識地對待鸚鵡，或許正是最佳的疾病預防法。

消化系統的疾病

糖尿病

原因・症狀

一般認為原因是內分泌異常，其他因素中還有遺傳或是腹膜炎導致的胰臟機能不全等。擁有和哺乳類相似的症狀，可能會出現重度的多喝多尿或血色變淡。

預防・治療

鳥類的血糖值據說為人類的3倍，罹患胰臟疾病時，會再加3倍。如果多飲多尿的情況持續，就要接受血液檢查，用藥物等來控制血糖值。

異物誤入消化管內

原因・症狀

屬於誤吞異物的意外。基本上，原因大多為飼主的不小心。雛鳥也可能發生吞下鋪在地板上的木屑或毛巾纖維等意外。

預防・治療

吞下異物時，大多可藉由排泄、嘔吐等自然排出。不過，依程度而異，還是可能有進行外科手術的需要。放鳥出來時，請充分注意。

泄殖腔脫垂

原因・症狀

長時間的輸卵管炎或下痢，可能會讓泄殖腔黏膜從肛門脫垂。放著不管的話會導致黏膜壞死，或是鸚鵡自己啄咬引起出血，變成嚴重的疾病。

預防・治療

使用塗抹了抗生素軟膏的棉花棒，物理性地將其推回體內。雖然感覺好像很簡單，但還是好好地請獸醫師進行治療吧！建議一感覺不對勁，就儘快詢問醫師。

巨大菌病

原因・症狀

這是由名為胃部酵母菌（巨大菌）的一種真菌所引起的疾病。虎皮鸚鵡的發病率高。會出現嘔吐、下痢、未消化便、黑色便等消化系統上的異常症狀。

預防・治療

由於抗生素無效，要改用抗真菌劑才能有效治療。由於曾經有過誤使用抗生素而導致疾病嚴重化的案例，飼主也必須注意才行。

毛滴蟲病

原因・症狀

毛滴蟲原蟲由親鳥的嘴巴或餵餌器具等感染到幼鳥而發病。毛滴蟲寄生在嗉囊後，會擴散到副鼻腔、眼睛等，所以除了嗉囊炎和副鼻腔炎之外，也會引起結膜炎、飲水過多、流淚、鼻水、鼻血、顏面浮腫等各種不同的症狀。嚴重時，甚至可能在口中形成泛白色的膿瘍。

預防・治療

若是寄生在嗉囊，可到醫院檢查嗉囊液；如果檢查出毛滴蟲，一般會採取用抗原蟲藥驅蟲的方法。如果寄生在腸管，請將遭到寄生蟲糞便汙染的飼養用具等洗淨消毒。餵餌器具、飼料盒、飲水盒等籠內用品都要徹底洗淨消毒，以防止二次感染。之後進行每日消毒。另外，複數飼養時，請將感染的鳥兒隔離。

腸炎

原因・症狀

病原性微生物侵入腸內，引起黏膜發炎，出現有惡臭的下痢或是膨起羽毛一直睡覺等症狀。吃到腐敗的食物或飲水，結果就會感染病原體——就像這樣，絕大部分的病例，原因都出自於人類的飼養方法及衛生環境的問題。此外，因為某種原因造成對真菌或內部寄生蟲的免疫力低下，也可以說是發病的原因。

預防・治療

治療方法依發病的原因而異。總之，籠子裡面請先用暖暖包等充分保溫，然後趕快請獸醫師診察，針對症狀進行治療。還有，不要忘了即使已經治癒，但只要飼養環境未改善，還是可能再發病。創造沒有壓力的環境，給予新鮮的食餌和水，做好預防是最重要的。

肝臟疾病

原因・症狀

由於肝功能低下造成羽毛脫落，或是羽毛顏色或鳥喙等出現異常現象。另外，尿色變成深黃色或是腹水積存等症狀也是該疾病的特色。原因有脂肪肝或血鐵沉著症之類問題出在飲食生活上的情形，以及因為感染症等而導致的肝臟異常。關於尿色異常方面，由於這也是鸚鵡熱的症狀，所以一感到不對勁，請交給獸醫師診斷。

預防・治療

一感覺異常的變化，請儘快到動物醫院接受治療。視情況可能需要施行血液檢查或X光檢查等。肝臟疾病的治療方法依病因而異，基本上是進行投藥，如果是感染症，也會使用抗生素等。另外，如果診斷出原因在於脂肪肝等飲食生活時，在醫師的管理下徹底改善飲食生活，應該就能看到效果。

嗉囊炎

原因・症狀

嗉囊內的溫度、濕度較高，又不像胃部具有強酸性，所以是細菌、真菌、原蟲等很容易繁殖的器官。如果讓雛鳥吃不新鮮的食餌、麵包或烏龍麵等人類的食物的話，各種細菌或內部寄生蟲就會在嗉囊內增殖，引起發炎。來自於親鳥的毛滴蟲感染也是原因之一。會出現搖頭並嚴重嘔吐、難聞的口臭或頻打呵欠、多飲等症狀。

預防・治療

不要一直給雛鳥餵餌、不要給予人的食物等，都可加以預防。如果原因為腐敗的食餌，就必須要徹底進行衛生管理。沒有體力的個體可能會反覆發病，請多用心創造沒有壓力的環境，以免降低鳥兒對病原體的免疫力。此外，嗉囊結石必須施行切開手術。除此之外，食餌內容的改善和投與抗生素、抗真菌劑、抗原蟲藥等也有效。

內臟腫瘤

原因・症狀

腫瘤有在身體表面形成的和在內側形成的，尤其是虎皮鸚鵡，可以說是容易形成腫瘤的鳥種。腫瘤會長在肝臟、腎臟、睪丸、卵巢等腹腔內的各種不同部位，分為惡性和良性2種。當生殖系統有腫瘤時，甚至可能出現讓雄鳥變得像雌鳥之類的異常症狀。腹部如果有異常膨脹等症狀，請立刻向獸醫師詢問。

預防・治療

症狀會依腫瘤形成的部位而異，不過一旦惡化，全身狀態就會變差。如果不是惡性的，早期發現、早期治療可能使狀態回復。難以預防也是此疾病的特徵。說到唯一的預防方法，只要不讓鸚鵡過度發情和肥胖，就可以某種程度地預防生殖器腫瘤、腎臟腫瘤及脂肪瘤等。

鸚鵡熱

原因・症狀

因為感染稱為鸚鵡熱披衣菌的微生物而發病。出現流鼻水、打噴嚏、下痢、無精打采、膨起羽毛、一直睡覺等各種症狀，但也經常出現呼吸困難等呼吸系統的症狀。也可能因為寒冷或壓力而發病。未成年鳥的症狀尤其容易變得嚴重。也有併發肝臟或脾臟疾病的危險。是人畜共通傳染病，必須注意。

預防・治療

因為是傳染病，所以隔離是先決手段。使用器具或暖暖包進行保溫，投與抗生素。徹底洗淨消毒飼養籠，保持環境清潔也很重要。也可能是親鳥經口傳染給雛鳥。不要讓已經感染的鳥築巢。另外，照顧已經感染的鳥兒後，請洗淨雙手。

鼻炎

原因・症狀

意指「傷風」。症狀可見打噴嚏或流鼻水等。不過，不可以認為只是傷風而疏忽大意。流出的鼻水如果像水一樣，就是溫度變化等造成的生理作用的一種；如果流出膿狀的鼻水，就是細菌感染的證明。放著不管的話，可能會發展成副鼻腔炎，全身出現症狀。

預防・治療

如果是細菌感染，就必須要進行抗生素等的適當投藥治療。此外，也可能會進一步進展成為讓黏膜紅腫的「鼻眼結膜炎」。一旦發現異常，請儘快前往醫院。如果是鼻水像水一樣的傷風，原因就是溫度變化對鼻黏膜造成刺激所導致的，請做好穩定的溫度管理或保溫。

氣管炎

原因・症狀

由細菌、真菌、病毒、寄生蟲等感染所引起的疾病。氣溫過低或是香菸等造成的空氣汙染也是原因。會出現眼瞼炎或從口中發出噗滋噗滋的聲音，或是明明過著規律的生活卻開始出現流鼻水、打噴嚏、打呵欠等症狀。隨著病情惡化，會變成張口呼吸，或是因為氣管變狹窄而使得呼吸音也出現異常。

預防・治療

因為是傳染病，所以要先進行隔離保溫。到醫院調查原因，依病因使用抗生劑、消炎劑、抗真菌劑、抗原蟲藥物等進行治療。還有，營養管理也很重要。請給予青菜等，以免維生素A不足。為了防止寒冷或空氣污染引發疾病，請注意適當的溫度和籠子的放置場所。

皮下氣腫

原因・症狀

原因是存在於鳥類全身、稱為氣囊的臟器，因為承受物理性的衝擊等而破裂，使得空氣積存在皮下而膨脹。症狀上可以看到喉嚨處有像氣球般的異常膨脹，每次呼吸就會移動。甚至可能會在腿部等出人意料的地方發病。另外，一旦發病就容易慢性化，可以説是棘手的疾病。

預防・治療

基本上是採取穿刺治療來抽掉積存空氣的方法。氣囊是鳥的呼吸器官之一，呈袋狀的氣囊具有積存、送出空氣的作用，也是非常重要的器官。請儘早發現，確實地接受治療。平時請勿做出會壓迫氣囊的行為，以免造成氣囊破裂。

甲狀腺腫

原因・症狀

甲狀腺位於氣管、食道、嗉囊及心臟附近，負責控制新陳代謝。一般認為原因是缺乏營養素中的碘，造成甲狀腺肥大、甲狀腺腫。甲狀腺一腫脹，就會壓迫氣管，出現氣喘之類呼吸困難的症狀或是羽毛障礙、脂肪沉積等症狀。依情況也可能引起誤嚥或心臟衰竭等，導致突然死亡。

預防・治療

在預防方法上，每個禮拜請在飲水中加碘1～2次，就可以預防了。治療上是要在籠內進行保溫，在飲水中加碘等，但得要接受診察後再做判斷。另外，除了食物之外，牡蠣粉等也是必需的。

腹水

原因・症狀

這是鸚鵡較常見的、於腹腔內積存體液的疾病。一般認為是肝臟機能障礙或輸卵管炎、慢性氣管炎等各種疾病所造成的，即使顯示的是打噴嚏或咳嗽等近似感冒的症狀，實際上卻可能是腹水積存。如果是發炎性腹水（滲出液）可能是墜卵性腹膜炎，如果是漏出性腹水（漏出液），則可能是肝臟疾病或心臟疾病等。

預防・治療

針對造成原因的部分進行治療。由於並不是特定器官變成水腫的狀態，而是體液積存在體內的臟器，所以投藥治療或使用注射器物理式抽出腹水的「穿刺治療」可以説是有效的。另外，腹水並沒有預防方法。不過，藉由外觀檢查等就能輕易發現，所以早期發現、早期治療是很重要的。

一定要記住

生殖系統疾病的預防重點

1 預防發情

將成為戀人的玩具或鏡子收拾好，避免做出刺激交尾的動作。

2 不要讓牠連想到巢

不要讓鸚鵡靠近家具隙間或摺疊起來的布等會連想到巢的東西。

3 日照時間

創造無法安穩的環境也是重點。或是將日照時間縮短到8個小時左右。

4 抑制過度產卵

不要給予會促使發情的飼料。改變環境，讓牠無法回復到產卵模式。

痛風

原因・症狀

這是尿酸無法排出體外的疾病。大多是因為腎臟機能降低導致的尿酸排泄低下而發病，少見的也有遺傳因素成為病因的情況。在症狀上，一發病，尿酸結節的疼痛就會造成走路拖行，或是多尿、痙攣等。痛風是一旦發病就難以完全治癒的疾病，也可能導致突然死亡。

預防・治療

原因有維生素A不足或水分不足、肥胖等等，所以適當的食餌療法是有效的。建議平常就要節制蛋白質多的食物，給予蔬菜等進行預防。在治療方法上，例如投與痛風治療藥、維生素A、維生素B、礦物質等。嚴重時甚至會無法停在棲木上，所以籠子內必須多用心思。

泌尿系統的疾病

腎炎

原因・症狀

如字面所示，腎炎就是腎臟發炎的疾病。這個疾病的特徵是，原因大多來自於比鸚鵡食餌更有味道的人類食物，或是吃了太多的鹽土等而發病。另外也有細菌導致的急性腎炎。症狀上是多喝多尿，還有相反的飲水量遽減和食慾不振等，會表現出各種症狀。此外，腳部乾燥粗糙等也是需注意的症狀之一。

預防・治療

攝取低蛋白食餌或維生素A・B群，投與利尿劑等，請交由具專業知識的獸醫師進行判斷。對於腎炎，飲食的改善是很重要的。好不容易治癒了，但若再吃到人類的食物等，可能會再度發病。被認為是原因之一的鹽土食用過度也要注意。必須非常當心，給予適當的量。

輸卵管脫垂・泄殖腔脫垂

原因・症狀

這是由於產卵時的用力或是挾蛋症、輸卵管炎等導致的便秘而引發的疾病。各種生殖器官的疾病都會成為原因，一旦惡化，輸卵管或泄殖腔的黏膜就可能會脫出體外。雌鳥很容易發生輸卵管疾病，必須注意。此外，過度肥胖也被認為是原因之一。不僅如此，也會引起腹部腫脹、膨羽等症狀。

預防・治療

輸卵管脫垂，如果沒有在12個小時以內處理的話，可能會導致死亡，所以一發現就要立刻帶往動物醫院，施行肛門的縫合。使用抗生素或止血劑的處置也有效果。注意營養的不均衡、鈣質不足或肥胖等，可以帶來疾病的預防。還有，避免鸚鵡不必要的發情也是重點。在築巢方面，請充分注意。

輸卵管炎

原因・症狀

由於荷爾蒙異常或細菌感染造成輸卵管發炎的疾病。一般認為也是產卵異常多的鳥兒容易發生的疾病。症狀上有濃綠色的下痢，或是卵的成分堆積在輸卵管內導致下腹部膨脹，發出獨特的臭味。會引起食慾不振、向前蹲之類的不自然姿勢，以及腹水積存等，是會引發各種症狀的疾病。

預防・治療

治療上必須投與抗生素、維生素、碘等適當的藥劑。輸卵管炎是雌鳥的疾病。產卵過度也會成為原因，所以築巢時請特別注意。藉由飼養環境的重新檢視，可以抑制鸚鵡的發情。只要發現下腹部有奇怪的膨起，最好立刻到經常就診的動物醫院接受診斷。

生殖系統的疾病

挾蛋症（卵阻塞）

原因・症狀

雌鳥的腹部膨脹變硬，經過3天都還沒有產卵時，就該懷疑是挾蛋症。原因是產卵過多或鈣質不足、日光不足、寒冷等，這是卵塞在輸卵管的疾病，也稱為「卵阻塞」。請注意是否有羽毛膨起、呼吸快速、排出黑色黏稠的糞便、碰觸腹部有像卵一樣大的硬塊等症狀。

預防・治療

寒冷也可能是原因，所以籠內要以稍熱的程度保溫，然後帶往動物醫院。還有，請避免讓鳥在氣溫急遽變化期或是冬季時築巢。請向獸醫師諮詢後，再判斷是要補充鈣質讓牠自行產下，還是在醫院將卵取出。請避免讓高齡鳥．未成熟鳥產卵，並進行鈣質和維生素的補充等。

低鈣血症

原因‧症狀

這是血中鈣濃度低下所引起的疾病。如文字所示，一般認為原因是鈣不足或日光浴不足所造成的維生素D_3不足等。如果鸚鵡出現呼吸困難、痙攣或是拖著腳等症狀，最好懷疑是否為此病。這也是產卵期的雌鳥或大型鸚鵡（尤其是非洲灰鸚鵡）常見的疾病。

預防‧治療

緊急時，要進行鈣的非經口投與，不過小型鸚鵡做靜脈注射有困難，所以要以液劑做肌肉或皮下注射。引起挾蛋症時，一般認為壓迫排出是有效的。如果是輕度症狀，適當的飲食生活和日光浴就能改善。另外，平常施行正確的飼養方法是就最好的預防對策。

腳氣病

原因‧症狀

只用蛋黃粟來餵養雛鳥，或是澱粉多的飲食生活和抗生素的連續服用，導致腸內細菌數失衡，就會引起維生素和鈣不足的營養障礙。這是錯誤的飼養方法造成的多發性神經炎。可見雛鳥的腳不足以支撐身體而無法站立、翅膀下垂、不會飛等症狀。

預防‧治療

飼主所做的飲食改善可發揮效果。請具備正確的知識，給予含有適當營養成分的食餌。覺得困難時，請接受獸醫師的指導。另外，在給雛鳥的蛋黃粟中可以加入富含維生素、鈣等的青菜和牡蠣粉。腳氣病是可藉均衡的飲食生活完全預防的疾病。

佝僂症

原因‧症狀

一般認為原因是鈣、維生素D_3的缺乏，或是鈣和磷沒有平衡地攝取。可見上腕骨彎曲、翅膀下垂、骨骼變形或異常彎曲等，出現變得容易骨折的各種症狀。更進一步的原因，可能是鸚鵡（含幼鳥）必須的日光浴不足所導致的營養成分不足等。

預防‧治療

首先要改善飲食生活，解決營養不足的問題。攝取鈣質、磷、維生素D_3是有效的。平常就要給予牡蠣粉或墨魚骨、鹽土、鈣質豐富的青菜等，加以預防。另外，讓牠做最喜歡的日光浴，也可以補充維生素D_3。晴天時讓牠做日光浴可望改善體質。

營養性腳弱病

原因‧症狀

出現拖著腳走路、飛行方式怪異、無法順利停在棲木上、老是提高一隻腳等症狀時，或許就該懷疑是腳弱病。主要原因是雛鳥僅吃蛋黃粟等導致維生素B_1不足，是經常在離巢時發病的疾病。剛開始時是對腳強加施力，之後甚至可能變成拖腳步行。

預防‧治療

餵餌食物請給予混合蛋黃粟和飼料粉的高營養食物。只要這樣做就足以預防疾病。如果發病了，為了防止意外，請使用沒有高度的籠子，棲木等也要以放低的狀態來使用。一般是使用維生素劑治療，不過日光浴等也被認為是有效果的。

脫腱症（Perosis）

原因‧症狀

親鳥的健康不良、孵化後的雛鳥營養狀態惡劣等，以遺傳性問題為主要原因的情況居多。一般認為原因是錳、維生素B_6、泛酸、維生素H、膽鹼等的不足。一般症狀有股關節、膝關節、阿基里斯腱的異常，單腳或兩腳異常向外側打開等。腳骨扭擰彎曲，結果造成肌腱脫落，就稱為Perosis。

預防‧治療

早期發現還是最重要的。如果能早期發現，可以藉由腳的矯正或維生素‧礦物質劑的投與來進行治療。有時也能藉由停在棲木上自行矯正。如果原因是親鳥的健康不良或營養不足時，請在繁殖期的親鳥食物中充分給予維生素及礦物質。

維生素A缺乏症

原因‧症狀

一般是因為β胡蘿蔔素不足而發病。維生素A不足會引起皮膚或黏膜的形成不良，成為口內炎或口腔內腫瘤的原因。可能會在口腔內形成白斑或黃色潰瘍。更進一步地，可能會因為營養失調而引起下痢等，或是發生流鼻水等類似感冒的症狀。

預防‧治療

基本上是採取投與不足的維生素A來治療的形式。由於原因大多在於飼主的飼養方法錯誤，所以平常就要注意給予均衡的食物，規律的生活和飲食生活的改善也可帶來預防。此外，給予含營養素的蔬菜，或是在飲水中加入鳥用的維他命也有效果。

皮膚和羽毛的疾病

疥癬蟲病

原因・症狀

這是稱為疥蟎的寄生蟲寄生在皮膚或鳥喙、趾甲上的疾病。這種寄生蟲會在皮膚或鳥喙上鑿開小洞棲息，使得患部變形有如浮石，或是形成有如白色瘡痂般的東西。症狀上會出現搔癢，被寄生的鸚鵡會因為搔癢而產生壓力、失去活力，導致食慾不振。

預防・治療

要對付所有的寄生蟲感染，最有效的方法就是創造清潔的環境。先隔離已經感染的鸚鵡，籠子內連細部都要洗淨消毒。更重要的是避免和感染鳥的接觸。清掃後，不要忘了洗手。鸚鵡可藉投與驅蟲藥的飲水來進行治療。還是先詢問獸醫師吧！有些醫院會有塗抹驅蟲藥之類的處置。

啄羽症・自咬症

原因・症狀

以啄羽症・自咬症兩個名稱稱之。鸚鵡會啄咬或是拔自己的羽毛，造成部分禿毛，有時甚至會弄傷到皮膚出血。原因有許多，但大多是環境變化或壓力、皮膚的感染或乾燥等。此外，也可能是羽毛的附著物、脂肪沉積症、寄生蟲、營養不良等。

預防・治療

一般認為精神問題是最主要的原因，一旦變成習慣就很難治療了。由於是從外觀也能輕易辨識的症狀，所以對飼主也會造成極大的心理負擔。總之，請詢問獸醫師，並消除環境或壓力等主要原因。治不好時，削切鳥嘴也有效果。此外，籠內請經常保持清潔。

皮膚腫瘤

原因・症狀

黃色脂肪瘤、纖維瘤、尾脂腺瘤、血管瘤等，在身體各部位形成腫瘤的疾病。腫瘤依生長部位，症狀也各不相同。依腫瘤的大小和部位，可能會引起不會飛、步行異常等運動障礙。還有，如果長在肛門周圍，可能會造成排便困難。因此，早期發現是很重要的。

預防・治療

在皮膚腫瘤方面，有投與適當藥物的治療法和外科手術的切除法。放著不管的話，不僅會造成局部性的異常，全身狀態也會惡化。如果為惡性腫瘤，治療也會更加困難。一發現異常，就要儘快詢問獸醫師。雖然是無法預防的疾病，但是避免過度發情或肥胖等，重新評估每日的生活改善也是重點。

禽掌炎

原因・症狀

一般認為原因是肥胖導致體重增加，造成對腳底的負擔，或是棲木不適合，造成趾底部形成腫瘤或潰瘍等，會出現疼痛、拖行等症狀。輕微時，因為沒有症狀，可能會導致延遲發現。不過，如果放著不管，狀態惡化的話，就有可能併發細菌感染等。

預防・治療

一旦細菌感染，症狀就會惡化，所以一發現就要帶到動物醫院。請試著在棲木纏捲膠帶，地板鋪上對腳底負荷較少的人工草皮或是海綿等。症狀嚴重時，也必須投藥治療。還有，對於肥胖的個體，為了減少腳部的負擔，請進行回復正常體重的減肥。

腫瘤（腫瘤・脂肪瘤・膿腫）

原因・症狀

這是在眼睛周圍、鼻孔周圍、鳥喙根部、翅膀等形成疙瘩般物體的疾病。還會出現無精打采、食慾不振等症狀。如果是膿瘍或脂肪瘤等積膿狀態的「膿腫」，可能是良性的。不過也不能否認是腫瘤的可能性。此為特別常見於虎皮鸚鵡的疾病。

預防・治療

一發現異常，就要立刻接受獸醫師的診斷。早期發現早期治療還是治病的關鍵。腫瘤如果是良性的，切除手術就可治療；即使是惡性的，還是可能藉由手術完全治癒。不過，萬一發現太遲，腫瘤已經長到相當大的狀態的話，相對風險就會提高，也可能無法進行手術。

病毒性羽毛疾病

原因・症狀

多半為年輕時期常見的一種疾病。羽毛變形脫落，也可能出現神經症狀；嚴重時會全身禿掉的棘手疾病。慢性症狀大多是羽毛脫落，羽毛或鳥喙上出現病變等。還有，已知會引起免疫不全或內臟疾病，死亡率高。急性症狀時，有突然死亡的危險，是很可怕的疾病。

預防・治療

一發現羽毛障礙等，請儘速前往醫院，進行血液檢查、糞便DNA檢查等查出原因。只是，這種疾病目前並沒有根本的治療方法，也沒有疫苗，只有隔離已感染的鳥和進行強化免疫療法，等待其自然痊癒的方法。不過，就虎皮鸚鵡來說，因為早期發現而完全治癒的例子並不少。

預防細菌和病毒的感染

能夠防護寶貝的鸚鵡遠離細菌和病毒的人只有飼主而已。
學習所有病原性微生物的相關知識，以徹底的預防法來擊退病菌吧！

潛藏在鸚鵡周圍的危險細菌和病毒

說到菌類，有細菌和病毒、內部寄生蟲、真菌等，種類是各式各樣。鸚鵡的周圍，潛藏著各種病原性微生物，萬一感染就會致病。總之，預防是最重要的。

此外，即使是在家中安心生活的鸚鵡，也有可能因為飼主錯誤的飼養方法而引發感染症。不過，這些細菌都是可藉由飼主正確的知識和預防來擊退的。而在儘量減少感染源上，飼主必須徹底施行防疫對策，避免從外面帶進細菌。

MEMO

會感染鳥類的主要病毒種類

- 帶狀疱疹病毒
- 環狀病毒
- 腺病毒
- 多瘤病毒

會感染鳥類的主要真菌和細菌種類

- 巨大菌
- 鸚鵡披衣菌
- 念珠菌
- 博德氏桿菌
- 麴菌

寄生在鳥身上的主要寄生蟲和蝨的種類

- 毛滴蟲
- 鞭毛蟲
- 梨形鞭毛蟲
- 疥癬蟲

一定要記住

守護鸚鵡遠離感染症的重點

1 洗手消毒，避免帶進細菌

首先是飼主從外面回家時必須注意的事項。那就是回家後一定要洗手殺菌。只要徹底避免帶進外面的細菌，光是這樣做就能降低感染的風險。請洗手後再和鸚鵡一起玩。還有，如果是從寵物店回來的話，洗澡是很重要的。基本作業是洗手，視情況再進行沐浴，將附在身上的細菌仔細清洗乾淨後，才可以接觸鸚鵡。

2 清潔的飲水

以細菌的感染途徑來說，籠內環境也是重點。尤其是鸚鵡經常使用的飲水容易腐敗，必須注意。還有，鸚鵡有時會弄髒水。弄髒的水，可以說是各種疾病的原因，一旦腐敗，雜菌就容易繁殖。即使是忙碌的時候，也一定要每天更換2次飲水，夏季天氣熱的時期則更要換3次左右。再者，經常給予新鮮的食餌，也關係到鸚鵡的健康維持。

3 注意地面

每天都在籠子裡，鸚鵡也會覺得無趣。為了轉換心情，有些人偶爾會帶牠一起出去散步。不過請記住，和鸚鵡一起出去散步，是伴隨著感染風險的。不要讓牠吃外面的東西，不讓牠走在地面上，不讓牠和其他鳥類接觸，這些都是最低限度的注意事項。還有，因為可能有逃走之虞，所以飼主的視線請勿離開鸚鵡身上。

這些場所需注意

鳥友網聚

特意飼養了鸚鵡，應該會有很多人想藉此機會認識愛鳥的朋友吧！這個時候，鳥友網聚是最適合的。愛鳥同好的集會應該是非常快樂的，不過，和鳥兒一起參加的鳥友網聚卻潛藏著危險。如果其中有生病的鳥，情況就不妙了，可能會一下子就受到感染。參加鳥友網聚時，請調查清楚，參加只有健康鳥才能去的聚會吧！

寵物店

開始飼養鸚鵡後，總是會有到寵物店的機會。當看見許多並排的鳥兒時，難免會想要參觀比較一下。然而，就算是在確實的衛生管理下營業的寵物店，還是有各種細菌的存在。當然，不接近不衛生的寵物店是最好的。除此之外，回家後請立刻洗澡，將細菌清洗乾淨。

正確的看護方法

在疾病和受傷的治療上，飼主充滿愛心的正確看護是必不可少的。採取萬全的對策，讓疾病能夠儘早痊癒吧！

整理好適合看護的環境

在疾病的醫治上，獸醫師的治療是重點。不過，少了飼主的看護，愛鳥也無法迅速恢復。

如果鸚鵡生病了，就先從整理好看護環境開始吧！生病的鸚鵡無法維持體溫，所以籠內請經常保持在30度左右。可以設置溫度計，使用暖暖包等來保持溫暖。

另外，出現食慾不振的情形時，可24小時開燈。生病的時候，就算光線明亮也能睡覺，不需擔心。這樣做，應該也能拉長用餐時間。

MEMO

飲食上的注意事項

療養中請在獸醫師的指導下，注意正確的飲食生活。鸚鵡是不經常進食就無法維持體況的動物，不過一生病，有時就會不太有食慾。這個時候，請進行強制灌食。不是給予每天吃的食餌，而是要請動物醫院開立病鳥用的處方飼料粉等，用熱水化開後，加入葡萄糖等讓它帶有甜味，再用注射器來進行灌食。另外，如果鸚鵡不吃食餌，也沒有飼料粉時，可以採取讓牠喝砂糖水等的緊急處置進行1～2天看看。發生脫水症狀時，最好用滴管餵食離子平衡飲料。不過，這些判斷都不可擅自進行，一定要在獸醫師的指示下才能進行。乳酸菌製劑或營養補充品可能會引起反作用，所以請在詢問過醫院方面後再做判斷。

不可自行判斷給藥

即使出現相同的症狀，治療方法和用藥也會依細菌疾病或是病毒疾病而不相同。然而，就鸚鵡來說，牠並不知道有什麼差異，所以飼主給什麼就吃什麼。雖然可能會在短瞬間好轉，不過如果是錯誤的藥，不僅可能無效，還會帶來反效果，促使症狀惡化。例如，即便只是一般的下痢症狀，是細菌引起的還是真菌引起的，處方的藥品就不一樣。還有，對細菌有效的抗生素，在殺死壞菌的同時，可能也會把腸內的好菌殺死。這麼一來，抑制好菌的壞真菌或抵抗性常在菌就會增殖，這就是不好的開始，稱為「菌交替」。為了避免這種情況發生，使用藥物治療時，一定要遵從獸醫師的指示。絕對不可以因為症狀和以前相似，就自行判斷給予相同的藥物。

看護籠內的佈置

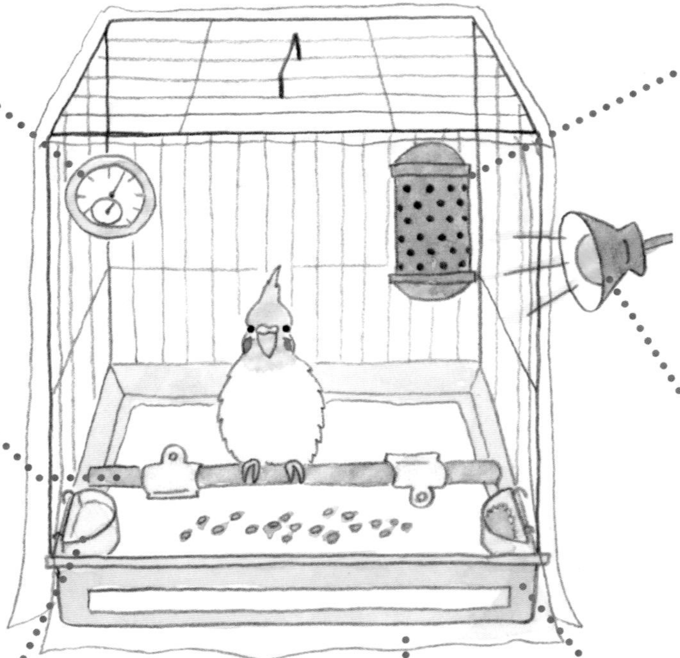

溫度・濕度計

在遠離保溫器具的下方，設置成容易察看的模樣。溫度大致要在30度左右。進行看護時最重要的就是溫度，請經常注意。

棲木

請視需要來設置棲木。有些情況可能不設置會比較好。如果要設置，請直接放在底部，用夾子固定以免滾動。

飲水盒・食餌

為了防止水質迅速惡化，要儘量將飲水盒設置在遠離保溫器具的地方。此外，對於沒有食慾的小鳥，也可以直接將食物撒在底部給予。

塑膠布・壓克力箱

覆蓋透明的塑膠布或壓克力箱等，將籠子圍起來。這是為了使籠內溫度保持一定，避免溫暖的空氣逸出。不過，塑膠布可能會因為加熱器的熱度而燒焦或融化，成為火災的原因，請充分注意。此外，請開氣孔，以免空氣不流通。

加熱器

請將雛鳥保溫燈泡、保溫墊配置在側面。氣溫下降的溫度差可能會造成疾病惡化，所以夜間請勿關掉保溫器具。

白熾燈泡

如果食慾低下，可以從側面照射白熾燈泡來進行保溫。為了增加明亮的時間以達促進食慾的目的，白熾燈泡請24小時開燈。

籠子

拿掉隔糞網板。底下全部鋪上紙或餐巾紙，可以經常確認糞便的狀態。髒了就要勤於更換，保持清潔。

正確的投藥方法

要讓鳥兒好好吃下醫院處方的藥物，是非常困難的技巧。如果能學會輕鬆的正確投藥方法，相信每次的投藥都會更加順利。

什麼是沒有負擔的投藥方法？

只要好好服用處方的藥物，疾病很快就會痊癒。只是，每次要讓鸚鵡服用定量的藥劑都是困難的作業。

負擔最少的餵藥方法，就是飲水投與。只要在平日的飲水盒中放置一個更小的飲水盒，裡面放入含藥的水，應該就能讓鸚鵡降低抵抗感。此時，如果準備和藥水色顏相同的飲水盒，就能更順利地投與。

還有，平日就該預先知道鸚鵡一日的飲水量，並且告知獸醫師，以便判斷藥劑的適當處方量。

MEMO

掩飾藥味也是一個方法

有些人不喜歡藥味，鸚鵡也不喜歡藥味，很難順利讓牠吃藥，所以得動動腦筋才行。例如，人在喝不喜歡的東西時，可能會混合喜歡的果汁，改變味道後飲用。利用這個方法，將藥溶入100%的純果汁中，可以掩飾藥物討厭的氣味和口味。不過，若有糖尿病等情況就必須注意。請確實取得獸醫師的允許後再施行。

平常就要訓練

如果平常就先進行吃藥的訓練，緊急時或許就能輕易地投與藥物。健康的時候，偶爾就可以讓牠從滴管等飲用100%無添加的純果汁。如此一來，不僅可以讓牠習慣味道，也可以減少用滴管投與時的不適感。還有，如果鸚鵡認為從滴管出來的都是果汁，就算緊急時放入的是藥水，牠也會誤以為可喝到果汁而順利地喝下去。

用滴管投藥

想要確實投與藥物時，用滴管進行是有效的。先輕輕地抓住鸚鵡，從鳥喙的縫隙中一滴一滴地滴入。進行時，只要從面對鳥喙的右側邊滴入，就能避免鸚鵡嗆到。

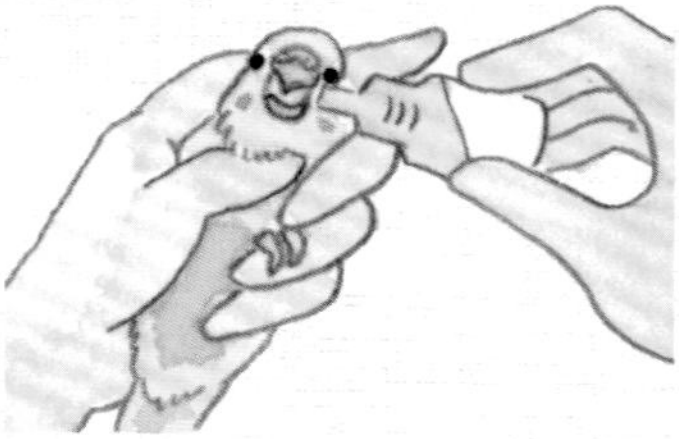

投藥＆看護上必需的技巧

①牢牢固定頭部

投藥時，必須牢牢固定鸚鵡的頭部，以免亂動。使用滴管等直接投與口中時，或是進行點眼、點鼻、點耳時，要使用食指、中指和拇指固定鸚鵡的頭部。鸚鵡不喜歡被緊緊抓住，所以要溫柔地牢牢固定。此外，鸚鵡掙扎亂動時，可使用手帕輕輕包住身體，固定住鸚鵡的胸部，就可安心進行。

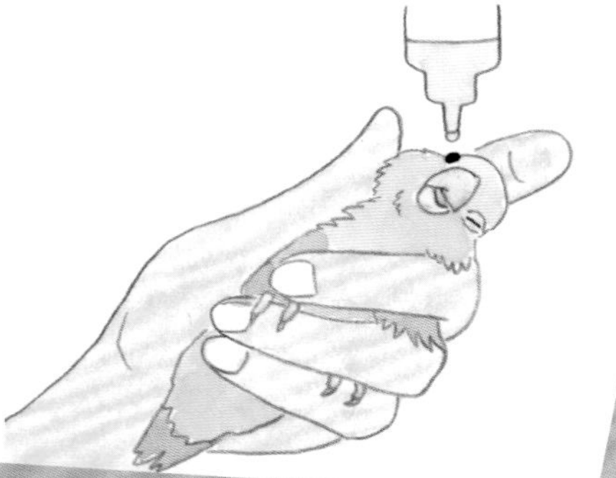

②點眼・點鼻・點耳時，要撥開周圍的羽毛

有時可能要對鸚鵡的眼、鼻、耳進行點藥。這時，藥物如果溢出到周圍，可能會讓周圍的皮膚潮濕潰爛，所以請確實地點在患部。另外，仔細撥開周圍的羽毛，會比較容易點藥。其中尤以將藥點入耳中的「點耳」特別難進行，不妨預先和獸醫師商量，請對方拔除耳羽以方便點藥。

③刺激鳥喙，強制灌食

強制灌食時，對成鳥使用餵食器很容易發生意外。請使用餵餌用的滴管等安全器具來進行。因為很難讓牠順利吃下，可試著用手指輕點鳥喙的側邊。如此一來，鸚鵡就會打開嘴巴，便可將飼料粉流入其中。無法順利進行時，可使用滴管來進行。

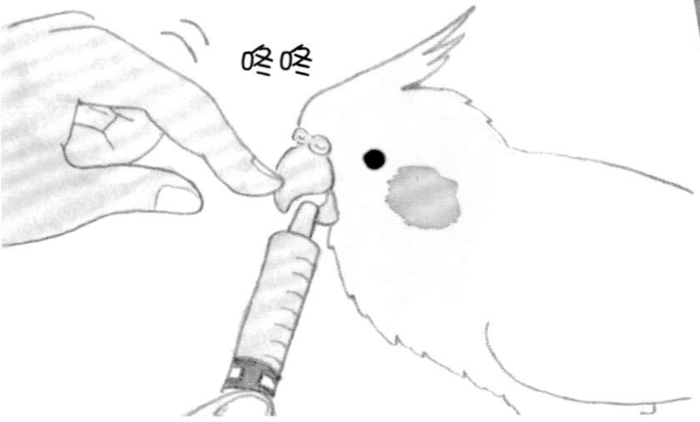

緊急處置的方法

飼主如果先學會緊急處置的方法，當鸚鵡受傷時就非常方便。做好緊急治療後，立刻前往醫院吧！

拯救愛鳥性命的緊急處置方法

當鸚鵡的身體狀況變壞時，能夠治療的只有獸醫師而已。飼主擅自進行治療，可能會縮短鸚鵡的生命。以此為基礎，視受傷狀況和症狀，有些情況在前往醫院之前先進行處置可能比較好。不過，萬一進行錯誤的處置，可能會導致病情的惡化。

對於處置沒有自信時，請讓鸚鵡保持安靜，迅速帶往經常就診的醫院去。不過，像是止血之類就必須要儘快處置。最好立刻打電話到常去的動物醫院，詢問獸醫師。

MEMO

先進行保暖

不具緊急處置知識的外行人也能做的簡單處置，就是「保暖」。聽起來雖然簡單，但是在緊急處置上可以說是很重要的事項。首先將鸚鵡從飼養籠移到看護用的籠子裡，放入寵物保溫器。如果沒有保溫器具，可以使用暖暖包進行保溫。體力低下的鸚鵡，溫暖身體的機能也會降低，所以為牠保溫，有時也可恢復體力。

補充營養很重要

做好緊急處置後，放入飼養籠或外出籠中，立刻帶往醫院。這個時候，要在籠子裡放入平常常吃的食餌或零食，讓體力低落的鸚鵡儘量回復元氣。另外，飲水盒在移動時，水可能會溢出而弄濕鸚鵡，或是將糞便狀態弄得無法辨識，所以不要放入。可以放入蔬菜等來代為補充水分。

緊急處置

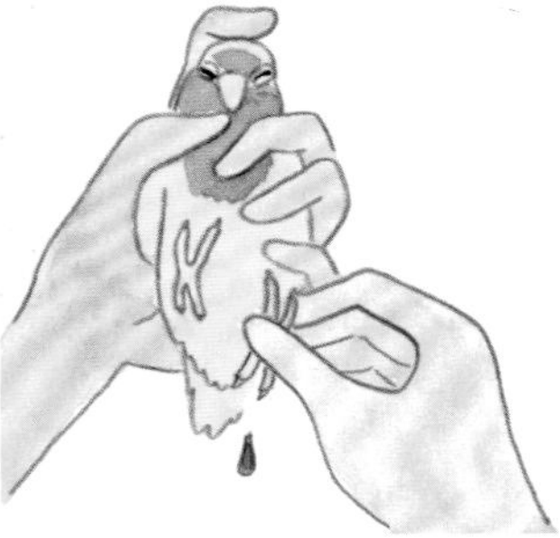

皮膚出血

萬一出血就要立刻止血。如果有脫脂棉等，就可用於進行壓迫止血；如果沒有的話，就用手指按壓出血部分。腳部約按壓3～5分鐘，身體約按壓5～10分鐘，應該就能止血了。如果無法做好這樣的處理，就保持安靜，觀察情況。總之，萬一嘗試約5分鐘後仍然未止血時，就要放回籠子裡，立刻帶往動物醫院詢問。

鳥喙或趾甲出血

鳥喙或趾甲的出血，如果只是滲血的程度，就保持安靜，觀察情況。如果出血沒有停止的樣子，就用點燃的香來炙燒患部進行止血。如果有止血劑的話，就使用止血劑。

羽毛出血

羽鞘折斷出血的情況，是從留在皮膚上的羽鞘出血的。所以請斷然採取拔毛處置，連同出血的羽鞘都拔掉，然後帶往醫院，請醫院處置。

骨折

萬一被人踩到，或是被門夾到時，可能會出現挫傷、骨折、內出血。外行人拙劣的處置，反而可能造成惡化，所以請讓鸚鵡處於安靜狀態，儘速前往醫院接受處置。

中暑

放置在過熱的場所就會導致發病。先讓室溫回復到25度左右，用濕毛巾包覆身體進行冷卻。這個時候，如果毛巾濕答答的，身體會急遽冰冷，一定要擰乾才行。

燙傷

鸚鵡經常有停在熱鍋上而燙傷腳的情形，必須注意。如果燙傷了，就要沖冷水來冷卻患部。在前往醫院之前，請不要在患部塗抹藥物，首先要採取的處置就是冷卻。

發情期出現的怪異「誘惑」行為

鸚鵡的求愛行為是僅出現在發情期的獨特行為之一。以人類做為伴侶的鸚鵡，牠的對象當然就是飼主了。因此，鸚鵡會經常對飼主做出「誘惑」的行為。

最具代表性的求愛行為，有「吐料」和獨特的「鳥囀」。尤其是雞尾鸚鵡，可以看到牠們求愛的歌聲和舞蹈。如果雌鳥對於雄鳥的求愛有反應，僵直身體臀部往上翹起的話，求愛就成功了。雄鳥會乘在雌鳥身上，互相摩擦泄殖腔地進行交尾。

MEMO

野生鳥類發情的條件

1　由於會在溫暖時期繁殖，所以日照時間要超過10小時

2　營養豐富的食餌越多，就越容易繁殖

3　沒有獵食動物，可以安靜、安定又安心的環境

4　適合養育雛鳥的溫暖氣候

5　有讓牠聯想到築巢等的洞窟之類的場所

想要抑制發情時

就算是單隻飼養，籠子裡也沒有放入巢箱，鸚鵡還是會自然發情。發情本身並沒有問題。不過，發情過多會成為引起生殖系統疾病的原因。尤其是雌鳥為了產卵，更容易引發發情過多所導致的疾病。想要防止這樣的疾病，就必須抑制發情。首先是不要在籠子裡放入巢箱或小屋，撤去隔糞網板和底下鋪的紙。這樣就變成沒有築巢所需道具的狀態了。更進一步地，請少給加那利籽或零食等高營養價值、高脂肪的食物。然後，為了縮短成為發情原因的光照周期，最好讓牠早睡早起。對於這個時期的雌鳥，禁止過度撫摸背部或是對牠說話。因為這樣會促使牠發情，所以請注意不要撫摸牠。此外，鏡子等會讓牠聯想到對象的玩具也要撤走。

為產卵建造舒適環境的築巢行動

築巢在鸚鵡產卵上可以說是非常重要的。最獨特的是桃面愛情鳥的築巢。其中更以將紙撕成細長形後夾在翅膀中帶回巢的行動最具特色。看牠們靈巧地將紙撕成細長形的行動實在非常有趣，讓人不知不覺看得目不轉睛。只要將這樣的紙鋪滿巢箱下方，築巢就完成了，然後雌鳥就開始進入產卵期。

另外，對發情期的鸚鵡來說，巢箱是極具魅力的東西。如果是容易發情的鸚鵡，只要一找到家具隙間或面紙盒等，就會把隙縫當做巢箱，進入發情模式。

想要防止發情過多，要點是鸚鵡的籠子裡不要放入不必要的巢箱，籠子內也不要形成隙間。就算冬天感覺寒冷，也不能放入巢箱。

採取攻擊行為時

鸚鵡到了發情期，可能會變得極具攻擊性。這可說是地盤意識變強而引起的行為，可以藉由教養來淡化這種意識。平常很溫順的鸚鵡突然咬人的手時，不妨認為可能是發情所引起的行為。因為荷爾蒙失調所導致的這種行為，是極其自然的事。飼主接受這種狀況進行適當的處理也是很重要的。

吐料是在送禮物

「吐料」是進入發情模式的鸚鵡會做的行為之一，也就是將所吃下去的食物吐出，作為獻給伴侶的禮物。這是鸚鵡經常對喜歡的人或場所所做的事，有時甚至會吐到亢奮的程度。剛開始可能會讓人嚇一跳，但不妨認為這是愛情的表現。不過，吐出的東西會變得不衛生，請立刻清理掉。

不只健康狀態，也要記錄天氣和遊戲

準備筆記本，將當天的天氣、鸚鵡的體重、籠子溫度計的數字和糞便狀態、身體狀態、所吃的食餌、遊戲內容等注意到的事情全部記錄下來。進行時，請先決定好測量體重和溫度的時間。建議在每天一大早量體重，不妨當作是每天早上的功課吧！

將每天的樣子記錄在日記上，當突然生病或發生壓力引起的問題行為時等，只要回頭看看日記，或許就有助於判明原因。

回頭看看日記，可以重新知道遊戲的進步情況、成長的情況等，也可以當做回憶記錄，樂在其中。如果每天記錄有困難，也可以固定在每個禮拜幾，或是每隔幾天進行記錄。記錄的項目請參考左頁的健康日誌。

鸚鵡的健康日誌

※請影印此頁，使用在每天的記錄上。

年　　　　月　　　　日（　　　　）　　　　天氣

籠內的溫度・濕度　　　最低氣溫　　　℃　最高氣溫　　　℃　濕度　　　%

體重　　　g

● 身體狀態檢查表／在□內做確認勾選

糞便 □ 正常
□ 多尿
□ 下痢／異常為全體的　　　%

全身 □ 有異常
□ 無異常

耳朵 □ 有異常
□ 無異常

鳥喙 □ 有異常
□ 無異常

眼睛 □ 有異常
□ 無異常

趾甲 □ 有異常
□ 無異常

鼻子 □ 有異常
□ 無異常

翅膀 □ 有異常
□ 無異常

●有什麼樣的異常？

● 其他在意的事

● 給予的食餌種類和分量

● 進食的量

● 讓人困擾的事

● 不一樣的地方

● 可愛的動作・行為・說話・唱歌

結　語

到此為各位大略介紹了和鸚鵡生活的方法、遊戲方法、交流方法、進食、疾病等等和鸚鵡相關的各種事情。在和鸚鵡相關的新發現，或是共同生活所需的知識上，你發現到什麼了嗎？

本書無法寫盡的鸚鵡魅力還有很多很多。我想，那是要靠今後和鸚鵡一起生活的各位讀者們，在每天的交流當中自己去慢慢發現的。

如果有困擾的事或不明瞭的事，或是覺得樣子和平常不太一樣時，請立刻到家庭動物醫院詢問。還有，對於初次飼養鸚鵡的人來說，可能有很多人也是第一次上動物醫院的吧！請拿出勇氣，前去一次看看吧！

此外，最好預先知道健康時進行的健康檢查的數值。所謂的健康檢查，也是一個可以將生病時無法好好說清楚的事和獸醫師仔細聊聊的機會。像這樣，尋找優秀的家庭動物醫院，預

先和獸醫師取得交流，緊急時就能夠立即諮商。我個人的醫院當然也有隨時受理健康檢查，不妨帶著愛鳥一起來做健康檢查，飼養上有不清楚的地方也可以順便談一談，我當盡力為各位解答。還有，即使只是細微的小問題，也不要只是自己一個人想辦法，請提出來與獸醫師商量吧！

和鸚鵡相遇、一起生活的時間，對飼主來說是無可取代的寶貴事物。同樣地，也要注意環境和健康，讓鸚鵡覺得和人類的生活對牠而言也是快樂的。然後，請讓和健康鸚鵡共度的快樂生活，一直延續下去吧！

為了讓作為家族新成員而帶回家的鸚鵡能夠與各位讀者共度幸福的生活，希望本書的內容能對各位有所幫助。

As小鳥診療所　院長　松岡滋

監修
As小鳥診療所

這是由監修本書的松岡醫師擔任院長、專為小動物所開設的醫院。為了維持鳥兒的健康，建議定期接受健康檢查。不管是初次養鳥的人，還是已經飼養了很久的人，都請務必前去檢查看看。該如何接受診療？要花多少費用？等等，從針對新手的詢問，到疾病與鳥兒的生活相關疑問，任何問題都能獲得懇切的建議。是從還不熟悉醫院的新手飼主，到已經和鳥兒長久生活的飼主都能安心就診的動物醫院。

住址：埼玉県埼玉市南区南浦和2-14-12　Tel：048-816-6996
看診時間：周一、三、五、六、日 9：00～12：00、16：00～19：00
周四、節日 9：00～12：00
休診日：周二、周四下午、節日下午
※詳細看診時間請以電話詢問。
診療項目：鳥（猛禽類、野鳥除外）、兔子、倉鼠、松鼠、天竺鼠、絨鼠、八齒鼠、土撥鼠等
URL：http://as-bird.jp/index.html
院長部落格：http://blog.as-bird.jp

在醫院，有虎皮鸚鵡小春(♂)和雞尾鸚鵡洛克(♀)出來相迎。

協力店鋪一覽表

Compamal池袋店

地址：東京都豐島区西池袋5-19-18　ヤマギシマンション1F
電話：03-5391-4341
營業時間：一～五 13：00～19：00　六、日 12：00～19：00
休日：無休
URL：http://www.compamal.com/

Compamal上野店

地址：東京都台東区東上野4-10-6　東ビル2F
電話：03-3845-8233
營業時間：一～五 13：00～19：00　六、日 12：00～19：00
休日：無休
URL：http://www.compamal.com/

寒川水族館

地址：神奈川県高座郡寒川町倉見432-3
電話：0467-84-8691
營業時間：平日 12：00～21：00　六、日、假日 11：00～20：00
休日：無休
URL：http://samusui.blog59.fc2.com/

DokidokiPetkun

地址：東京都北区王子1-27-2　エクセル・ド・モリ1F
電話：03-3914-3900（通信販賣相關詢問為048-291-7500）
營業時間：平日 13：00～19：00　日、假日 12：00～19：00
休日：周二
URL：http://www.dk2p.jp/

Piccoli Animali

地址：東京都狛江市元和泉1-4-2-102
電話：03-6479-9174
營業時間：四～二 11：00～20：00
休日：周三
URL：http://www.kotoriyasan.com/

監修
As小鳥診療所院長
松岡 滋
日本大學生物資源科學系 獸醫學科 畢業。
神奈川縣橫濱市 橫濱小鳥醫院、埼玉縣草加市 冰川町動物醫院，歷經在上述動物醫院的研修．就職後開業至今。
隸屬於鳥類臨床研究會、異國寵物研究會、Association of Avian Veterinarians。

日文原著工作人員

編輯製作	NAISG（松尾里央．阿部真季）http：//naisg.com/ 三橋利江（Sentimental City）、岡田舞子（Sentimental City）
執筆	湯浅綾華（Sentimental City）
封面設計	CYCLE DESIGN
本文設計	小林沙織
插圖	YABE Tomoko（p-jet）
攝影	comuromiho

有著作權．侵害必究 定價320元

動物星球 9

鸚鵡的快樂飼養法（經典版）

監　　修 / 松岡滋
譯　　者 / 彭春美

出 版 者 / **漢欣文化事業有限公司**
地　　址 / 新北市板橋區板新路206號3樓
電　　話 / 02-89539611
傳　　真 / 02-8952-4084
郵 撥 帳 號 / 05837599 漢欣文化事業有限公司
電 子 郵 件 / hsbooks01@gmail.com

三 版 一 刷 / 2023年9月

國家圖書館出版品預行編目資料

鸚鵡的快樂飼養法/松崗滋監修；彭春美譯.
-- 三版.--新北市:漢欣文化事業有限公司, 2023.09
160面；21x17公分. -- (動物星球；9)

ISBN 978-957-686-884-9(平裝)

1.CST: 鸚鵡 2.CST: 寵物飼養

437.794　　112013848